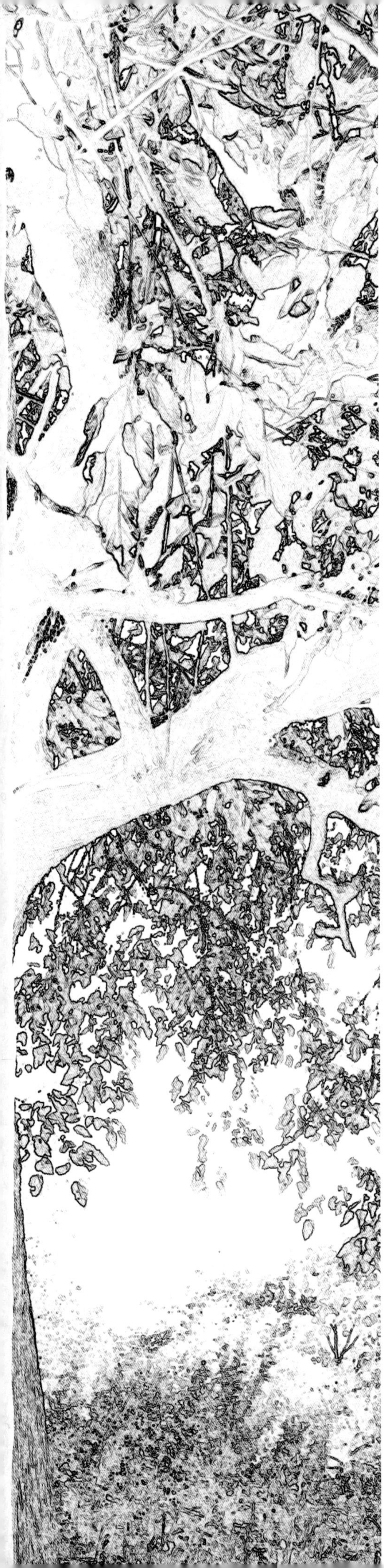

河南光山古树名木 HENAN GUANGSHAN GUSHUMINGMU

王淮 主编

中国林业出版社

图书在版编目（ＣＩＰ）数据

河南光山古树名木／王淮主编. -- 北京 ：中国林
业出版社, 2011.1
ISBN 978-7-5038-6076-8

Ⅰ. ①河… Ⅱ. ①王… Ⅲ. ①木本植物—简介—光山
县 Ⅳ. ①S717.261.4

中国版本图书馆CIP数据核字(2011)第009434号

责任编辑　贾麦娥
装帧设计　陶　冶

出　版　中国林业出版社（100009 北京西城区德内大街刘海胡同7号）
网　址　WWW.cfph.com.cn
E— mail　cfphz@public.bta.net.cn
电　话　83227584
发　行　新华书店北京发行所
印　刷　北京顺诚彩色印刷有限公司
版　次　2011年1月第1版
印　次　2011年1月第1次
开　本　889×1194 1/16
印　张　18.5
字　数　668千字
定　价　180.00元

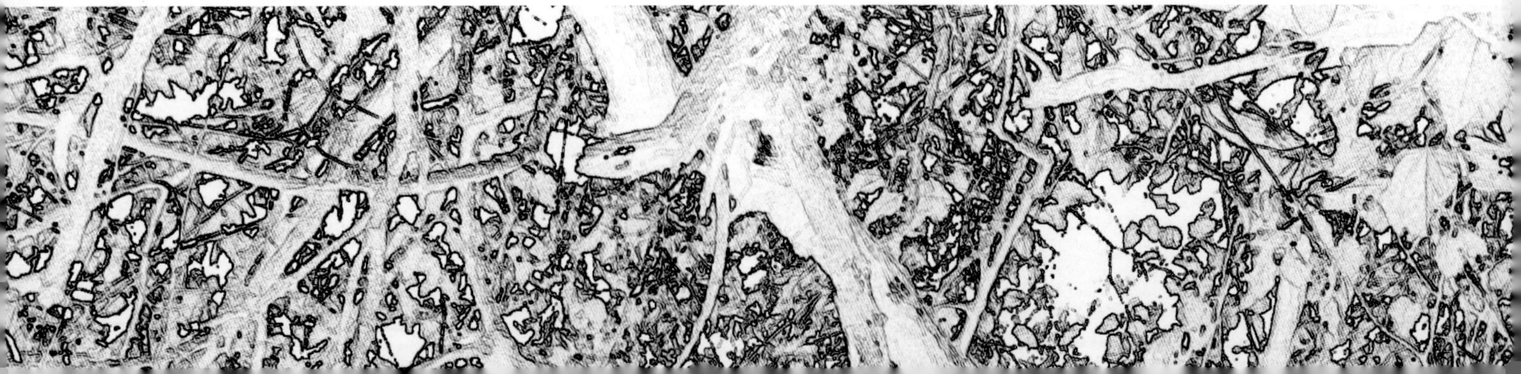

序

古树名木皆成画，鸟语花香自是诗。

近日，光山县林业局让我为将要出版的《河南光山古树名木》一书作序，我很高兴，这不仅是光山县林业局的一件喜事，也是光山县人民乃至全社会的一件喜事。因为，古树名木在生态、科研、人文、地理、旅游诸方面都有其特殊的地位和价值。

古树名木是中华民族悠久历史与文化的象征，是绿色文物，活的化石，是自然界和前人留给我们的无价珍宝。在古树名木的年轮中深深地烙印着历史的变迁，风云变幻的岁月和时代的吉光片羽。

古树名木——它们凭着顽强的生命力和奇特的自然形态成为一道靓丽的风景。有的高大挺拔傲视苍穹，有的体态丰盈广展绿冠，有的身姿俊秀尽显风姿，有的“虚怀若谷”而勃勃生机……。光山县古树树形的千姿百态，可以毫不夸张地说是一幅幅有生命的画、凝固的诗，总是引起人们的遐想，给人以启迪和美的享受，让人感觉到它们的坚韧、顽强、催人奋进。

古树名木是人类历史过程中保存下来的宝贵财富。历经沧海桑田之变迁而顽强生存至今，是地球上现存的生物个体中的“世界冠军”，它们有无比的抗逆性，它们的基因是生物物种中最优秀的基因。

古树是探索大自然奥秘的桥梁和依据。光山是一个丘陵、垄岗、平畈兼有的县区，复杂多变的自然环境和以丰富的民风民俗文化为代表的社会人文资源条件，造就了光山古树名木资源的多样性，其特点是种类较多，起源古老，特有古树较多。众多的古树名木在自然科学和社会科学研究方面都具有较高的价值，是不可多得、更不可再生的自然资源。

在光山资源丰富的古树名木中，有很多历史故事、新闻故事和传说，有的被誉为“镇宅树”、“风水树”、“贞洁树”、“宝贝树”等，这些都是光山亘古以来历史的见证，是值得骄傲的资源。

回顾改革开放30多年，尤其近几年，是光山林业发展形势最好的时期，光山林业行政主管部门在古树名木资源调查和保护方面做了许多工作，前后历时十余年，专业人员不辞辛劳，进行了系统、规范的调查，基本查清了底数，在此基础上集中了光山有代表性的古树名木，编写成这部《河南光山古树名木》专著，全书分为“千年遗风”、“世纪见证”、“百年沧桑”、“名木”、“古树群落”五大篇章，较为系统地反映了光山古树名木的资源、种类、分布特征、现状，填补了光山县此项工作的空白，对掌握光山古树名木资源及制定古树名木管理和保护措施具有指导意义，使古树名木的保护工作逐步走上规范化、科学化的轨道。相信该书的问世，能有助于人们进一步提高对古树名木的认识，更加珍惜自然界和前人留给我们的这一无价之宝。

前言

《河南光山古树名木》编辑领导小组

吟望红树余诗客，唤醒青山付画家。

光山县位于河南省东南部，大别山腹地，地处东经114°11′50″～115°10′45″，北纬31°37′6″～32°11′40″，北临淮河，南依大别山，为鄂豫皖三省交界地带，总面积1835km²，东与商城交界，南与新县毗邻，西与罗山隔河相望，北与潢川、息县接壤，总人口81万。现辖白雀园、马畈、砖桥、泼陂河、十里、孙铁铺、寨河（七镇），斛山、凉亭、槐店、南向店、文殊、仙居、殷棚、晏河、北向店、罗陈（十乡），紫水、弦山（二个办事处）及净居寺名胜管理区、官渡河工业园区。光山县地势南高北低，由于大别山脉向黄淮平原过渡，致使县域丘陵、垄岗、平畈兼有，岗岭纵横，河、渠、堰相互交错，塘、湖、库星罗棋布，大体上可分为南部丘陵和中北部垄岗平畈两大部分。气候处于亚热带向暖温带过渡地区，属于亚热带季风性湿润、半湿润气候，年平均气温15.4℃，≥10℃的积温4938℃，无霜期227天。年平均降水量1117.4mm，夏季降水最多。整个县城气候温和，雨水集中，雨热同季，四季分明，有利于植物生长。土壤类型有黄棕壤、水稻土、潮土等五大土类、九个亚类、二十五个土属、九十二个土种。地域内植被丰富，种类繁多，乡土树种有马尾松、香椿、臭椿、麻栎、枫香、刺槐、泡桐、枫杨、柳树、黄连木、侧柏、国槐、银杏等；木本粮油树种有板栗、油桐、油茶、乌桕、柿子等；水果有桃、李、杏、梅、樱桃、石榴等；竹类有桂竹、水竹、紫竹、蓼竹、毛竹等；特种经济林有漆树、辛夷等；灌木有杜鹃、紫穗槐、荆条、胡枝子、野山楂等；草本植物主要有黄白草、蕨类等。另有花卉100多种。新引进树种有火炬松、湿地松、雪松、落羽杉、池杉、水杉、杉木、檫木、喜树、川楝、川柏、杨类等。水域属淮河水系，资源丰富，一级支流白露河、小黄河、寨河、竹杆河流域面积控制全县总土地面积。二级支流46条，三级支流43条。青山绿水，名胜相互映衬，人文景观与自然景观交相辉映，素有"江南北国，北国江南"之美誉。

光山县历史悠久，源远流长。据出土文物考证，早在旧石器时代，我们的祖先就在这块肥美的土地上繁衍生息。这里，夏属扬州郡；周为弦子封国，故称"弦"；春秋属楚；秦代辖于九江郡；王莽时废国立县，境内设光城、茹由、东安三县；隋文帝开皇十八年（公元598年），盖因淮河南岸之濮公山（今息县）"俯映长淮，河面波光粼粼"之故，更光城为光山，始得光山县。此后一直是豫南的军事、政治、经济和文化重地，有文字可考的历史4000余年。

光山县作为历史弦国，人才荟萃，英杰辈出，他们对光山县乃至国家的政治、经济、文化、科学的发展，有着重要的影响。距县城20km处的"净居寺"，为北齐天保年间高僧慧思结庵传教处，亦为佛教天台宗之发祥地，寺名"敕赐梵天寺"为宋真宗御笔。净居寺不仅造就了慧思、智顗、道岸、鉴真等名僧，而且吸引了梅尧臣、苏东坡、黄庭坚等古圣先贤游览探胜。900多年前，一代文豪苏东坡曾慕名前来此地读书参禅，与僧人吟诗唱和，留下

了脍炙人口的《游净居寺诗并序》；北宋著名政治家、史学家、文学家、一代名相司马光，1090年出生于光山县城，当时他父亲正在光山做县令。因他取水"洗三"而得名的古井"司马井"，至今仍保存完好，千百年来被传为美谈的司马光 "打破缸智救溺儿"的故事就发生在"司马井"旁。然而，司马光一生伟大的成就，更在于他历时19年编纂的鸿篇巨制《资治通鉴》。毛泽东晚年对身边最后一名护士孟锦云说："《资治通鉴》是一面镜子，统治者如果认真照一下的话，恐怕不会一点益处也没有"。并说自己一生通读《资治通鉴》一十七遍，每读一遍都获益匪浅，赞叹"司马光的《资治通鉴》是一部值得一读再读的好书"。20世纪20年代之后，光山人民革命斗争更是风起云涌，这里曾是大别山革命根据地的腹地，邓小平、刘伯承、徐向前、李先念等老一辈革命家在这里留下了光辉的战斗足迹，王大湾会议旧址、徐畈鄂豫皖首府机关旧址群、邓颖超祖居等革命遗址达535处。革命战争年代，尤太忠、万海峰、钱钧等数十位光山籍将军从这里走向全国。他们所取得的伟大成就，让世人瞩目，让光山人骄傲。

光山县风景名胜资源丰富。泼陂河、五岳、龙山三大水库波光涟漪；小黄河、白露河等河流清溪流韵；王母观、赛山等山层峦叠嶂；千年古刹净居寺"四壁青山，满目清秀如画；一树擎天，圈圈点点文章"，茂林修竹，山水云奇，鸟语花香；县城司马光宾馆为宋代古县衙遗址；紫水塔、永济桥、宝相寺春秋墓等文化古迹稀世罕见；净居寺生态旅游开发区、龙山湖风景旅游区、王大湾会议旧址、革命烈士纪念碑、体育中心、紫水博物馆、文化中心等，展示了紫弦大地的神韵和富有江南风情的水光山色。

光山县物华天宝，古树名木种类丰富、数量可观。在近几年创建林业生态县活动中，古树名木得到了切实可行的养护管理措施。古树名木是大自然和历史留给我们的宝贵财富，不仅具有深远的历史意义，而且也有重大的科学研究和观赏价值。气象学通过古树研究，可以探索一个地区的气候变迁历史；森林学进行古树研究，可以考证这一地区的生态环境和树木生态习性。风景名胜区、公园的古树名木更是重要的景观资源和观赏珍品。因此保护古树名木是林业部门的重要职责，也是每个单位、个人都义不容辞的责任。自2001年至2002年和2009年至2010年，光山县林业局先后组织各乡镇、管理区林业管理部门，对辖区内的古树名木进行了全面调查登记并建档立卷，落实管护单位和责任人。2009年6月11日，光山县人民政府出台了《光山县城市古树名木管理办法》，2010年，光政[2010]50号文下发了《关于进一步加强古树名木保护管理工作的通知》。上述措施的落实，促进了古树名木保护管理工作的开展，我们根据全县古树名木调查资料，撰写反映古树名木人文历史、生长状况、自然状况等方面的文字介绍，并选择有代表性的古树名木照片，编著了《河南光山古树名木》一书，本书具有历史性、知识性、科学性和趣味性。同时，也希望通过本书的出版，提高全社会对古树名木的保护意识，提高对这些古树名木赖以生存的环境的保护意识，切实履行当代人的历史责任，给后人留下更多宝贵的物质财富和精神财富。

光山县古树名木的保护得到光山县"四大家"领导和有关单位的关心和支持，本书在收集资料和编写过程中，各乡镇、办事处、管理区林业部门领导和有关人员给予了积极支持和大力协作，同时也得到了古树名木所在地古树名木权属人的支持和帮助，现借本书面世之际，谨致以最诚挚的谢意！

目录
CONTENTS

第一章 千年遗风

三山藏古寺
四水映丛林
日照松风翠
风来兰谷馨
晴窗竹叠影
高树鹭栖鸣
夜赏苏山月
晨看竹溪云
诗城多雅韵
怎不醉游人

编号为20-218的银杏树位于光山县净居寺寺门前东侧，树高27m，胸围520cm，地围554cm，东西冠幅26m，南北冠幅27m，雌性，树干粗大挺拔，在2.5m处分杈，侧枝发达，形成伞状树冠，生长势一般。令人称奇的是银杏树北边侧枝上又寄生有一檀一柏，俗称“同根三异树”，据寺史记载该树已有1300多年树龄。该树历经千年，果实累累。

以净居寺为核心的光山县净居寺名胜区，位于光山县城西南22km的大苏山。北齐天保五年（公元554年），高僧慧思来到光州（今光山县）大苏山结庵，开坛说法，“数年之间，归从如市”。公元560年，释智顗冒着战火慕名千里投奔大苏山，师从慧思7年，苦心修习天台宗基本理论而“开悟”，这就是佛教史、哲学史和思想史上著名的“大苏开悟”。公元575年智顗到浙江天台山建国清寺，开宗立派，弘扬佛法，创立佛教天台宗。智顗一生著述甚丰，其著作曾先后传入朝鲜、日本，被日本天台宗佛教徒誉为“中国的释迦牟尼”、“天台智者大师”。唐中宗神龙二年（公元706年），律宗大师道岸率弟子鉴真从长安返回故乡光州，在大苏山建造了气势恢弘的净居寺和紫云塔。鼎盛时期僧超千人，房过千间，殿、堂、楼、亭、台、塔、廊等古建成群。后因历史原因三次毁于兵火，屡毁屡建。道岸圆寂后，其弟子鉴真以净居寺为主要道场，在江淮一带传播南山律宗，并不畏艰险六渡东海而最终到达日本，成为中日文化交流的先驱者。宋真宗赐额“敕赐梵天寺”。寺居群峰之间，多名胜古迹。古往今来，多位名人写诗留题，素有“诗城乐地”之美称。是天台宗的发祥地。

净居寺风景区山清水秀，松杉掩映，绿茶溢香。大苏山顶有紫云塔，高耸入云。鸟瞰寺周群山，似欢舞滚动的青龙，盘绕古寺俯首“朝圣”。苏山岩凌空秀出，鬼斧神工，浑然天成；翠烛峰东西对峙，形似烛台，日月耀顶；白莲池芳洁面寺，微风弄波，泓水绿粼；花瓶峰、香炉阜皆因

三山藏古寺，四水映丛林。日照松峰翠，风来兰谷馨。晴窗竹叠影，高樹鹭栖鸣。夜赏苏山月，晨看竹溪云。诗城多雅韵，怎不醉游人。

又诗曰

千年古寺名全球，千年樹揚九州，千年东坡励后代，千年香火袅宝炉。千年鸟儿歌盛世，千年彩蝶舞不休，千年佛祖得民意，千年游人涌潮流。

净居寺千年银杏“同根三异树”

学名：银杏(*Ginkgo biloba* L.)
银杏科(Ginkgoaceae)
银杏属(*Ginkgo*)

形而得名。寺前，有千年银杏，寄生檀柏，俗称“同根三异树”。当年苏轼常在树下读书吟诗，曾赋出“四壁青山，满目青秀如画；一树擎天，圈圈点点文章”的佳句。另有唐柏五棵，根深叶茂，风韵犹存。寺旁功德井，相传建寺时，所有木料皆从此井扯取，明朝监察御史王相有“七井泉通一派香” 之咏，又有“功德润苍生”之颂。寺后有苏东坡读书堂，宋苏轼补谪黄州寓此读书、品茗；并写有《游净居寺》等诗篇，明嘉靖三十五年碑刻《宋苏轼游净居寺诗并叙》犹存。此外，还有各具传说的谷口钟、竹溪月、钓鱼台、仙人洞、山茶花，以及以情入景、以形入胜的二门观天、夕山远眺、苏山夜雨、夜牛耕田等佳景，山水相间，呼应成趣。新建的净居寺茶楼，风格别致，使你一边品茗、一边欣赏正宗的茶道。

“名山名寺出名茶”。净居寺层峦叠嶂云雾多，溪流纵横水潺潺，青山滴翠日照短，松竹梅茶幽兰香。源远流长的净居寺茶，香高味醇，品质上乘。

古刹逢盛世，名山迎佳宾。光山县净居寺风景区有雄伟壮观的庙宇，典雅而富有传奇色彩的古文化，山清水碧，恬净淡雅，置身其境，品茗爽心，饱览风光，使人心旷神怡，实乃旅游和疗养的豫南胜地。在农历二月十八日举办一年一度的（古）庙会，届时，天台祖庭——净居寺将笑迎八方香客。

“百岁蟠根地，双阴净梵居。凌云枝已密，似蹼叶非疏。”是宋代诗人梅尧臣曾游净居寺时的赞颂佳作。

千年唐侧柏

学名： **侧柏**(*Platycladus orientalis* (Linn.)Franco)
柏科(Cupressaceae)
侧柏属(*Platycladus*)

编号为20-223的唐柏位于光山县净居寺寺门西侧，树龄1300年，树高17m，胸围330cm，地围360cm，东西冠幅11m，南北冠幅14m，树干圆润通直，侧枝发达，枝条似“龙爪”向外伸展，长势旺盛（左、右）。

古柏千年，犹健茂，叶青针许。与松竹，世称高洁。历经寒暑。莽莽乾坤霜又雪，悠悠岁月山环路，伸懒腰，眉眼半睁睁，歌今古。家雀闹，惊狐兔，明夜火，樵刀斧。忽雷鸣电闪，狂风催雨。久卧苏山身已倦，轻摇树叶随风舞。待花朝，大地绿红飞，追云去。

千年宋圆柏

学名：圆柏(*Juniperus chinensis* L.)
柏科(Cupressaceae)
刺柏属(*Juniperus*)

编号为20–221的宋柏位于光山县净居寺寺门东侧，树龄1000年，树高15m，胸围185cm，地围215cm，东西冠幅6m，南北冠幅8m，树干通直，树冠紧凑，枝桠稀疏，长势一般。

千年宋圆柏

学名：圆柏(*Juniperus chinensis* L.)
柏科(Cupressaceae)
刺柏属(*Juniperus*)

编号为20-222的圆柏位于光山县净居寺寺门西侧，树龄1000年，树高15m，胸围172cm，地围190cm，东西冠幅6m，南北冠幅7m，树干通直，树冠紧凑，枝桠稀疏，长势一般。

司马光千年宋侧柏

学名：侧柏(*Platycladus orientalis*（Linn.）Franco)
柏科(Cupressaceae)
侧柏属(*Platycladus*)

古树所在地司马光宾馆概说：

“石翁苔荒岁月深，寒泉一鉴晓光沉。当年司马名犹在，史笔留芳自古今”，这是一首明代诗人贺宋约对司马光的怀古佳句。

司马光宾馆是光山县委招待所的原称。光山县按照县委提出的创建国家优秀旅游城市的目标和信阳市委提出的“让智慧之光溢彩光山”的发展战略，几经扩建，司马光宾馆现为“三星级宾馆”。其院内有古柏树两株、司马井一处。古井始建于宋朝，因我国伟大的政治家、史学家、文学家司马光诞生此地而得名。

公元1019年，其父司马池任光山县令，是年10月18日，司马光出生在县衙官舍，司马光生时用舍院井水“洗三”，故名司马井，司马光亦因生于光山而名曰“光”。

司马光7岁时读《左氏春秋》，那个世代颂扬的“司马光砸缸”的故事就发生在这里。

关于“司马光砸缸”的故事，《宋史司马光传》这样记述到：“群儿戏于庭，一儿登瓮，足跌没水中，众皆弃去，光持石击瓮破之，水迸，儿得活。其后京、洛间画以为图”。

司马光少时珍惜光阴，勤奋读书，任官时直言上谏，廉洁奉公；老时呕心沥血，编纂历史巨著《资治通鉴》等，历受人们敬颂。

“《资治通鉴》是一面镜子，统治者如果认真照一下的话，恐怕不会一点益处都没有”。这是毛泽东晚年对身边最后一名护士孟锦云说的一段话，并说自己一生通读《资治通鉴》17遍，每读一遍都获益匪浅，赞叹“司马光的《资治通鉴》是一部值得一读再读的好书”。

这是一个关于智慧的“前无古人，后无来者”的历史故事，除此之外，迄今为止没有哪一个故事能够流传得这么久远，这么深入人心。

然而，司马光一生伟大的成就，更在于他历时19年编纂的鸿篇巨著《资治通鉴》。宋神宗以其“鉴于往事，有资于治道”，赐名《资治通鉴》。之后，作为杰出的政治家、史学家、文学家司马光和他的《资治通鉴》一起成为中国历史上一座划时代的丰碑，永世闪耀着智慧的光芒。

司马光宾馆院内生长着南、北两株宋代古柏树。

编号为07-028的侧柏是南株，该古柏树据《光山绍兴志》记载：“在北宋乾德年间已有记载，以此推算树龄至少有1040年”。司马光“砸缸”的故事就发生在此树西侧。此树高16m，胸围207cm，地围230cm，东西冠幅6m，南北冠幅3m，树干通直，主干上有不同程度的树皮纵裂现象，偏冠，东北方向无树枝，树冠窄小，长势较差，现砌有树盘保护。

参天苍翠气森林，
百代英贤礼送迎。
紫水涵容原少恙，
尼山雅似赖留名。
干高兀出云常立，
樹志传来风亦情。
规范栋梁存不朽，
工师相见漫生情。

编号为07-029的侧柏是北株，树龄1000年，树高13m，胸围125cm，地围150cm，东西冠幅4m，南北冠幅3m，树干通直，主干存在不同程度的腐朽、偏冠，西北方向无树枝，东南方向主侧枝形成树高、树冠，冠幅窄小，长势濒死。

环山千年银杏

学名：银杏(*Ginkgo biloba* L.)
银杏科(Ginkgoaceae)
银杏属(*Ginkgo*)

古树所在地——南向店乡概说：

南向店乡位于光山县西南部，距县城30km，现辖18个行政村。东与本县晏河乡搭界，东南与新县千斤乡隔河相望，东北与本县文殊乡、罗陈乡、马畈镇接壤，西南与本县殷棚乡、新县苏河镇为邻，总面积98km^2，可耕地面积22995亩，山林面积78855亩，水域面积50000亩。乡境内北部为浅山丘陵区，南部和西部为山区，南高北低，略成东北向倾斜，南部界山王母观（位于光山与新县交界处），海拔433.9m，为县境最高点。起源于王母观的董河和新县的叶河穿乡而过，为青龙河的上游。大型五岳水库位于乡政府所在地西南部，素有“八山半水一分田，半分道路和庄园”之说。

编号为14-110的银杏，树龄1000年，树高22m，胸围460cm，地围500cm，东西冠幅17m，南北冠幅16m，树干粗壮通直，树干基部北侧2m处有空洞火烧迹象，树冠不完整，西南侧枝折断若干条，长势较差，其它枝条仍是硕果累累，压得枝条下垂。

该乡历史悠久，源远流长，有建制始于元末，当时名为古浪城，系县衙所在地，后毁。其名由来，据传明末有向氏二兄弟居南北两路口开店，南店称老向店，后以南向店称集名沿用至今。境内有徐畈古文化遗址、胡沧晓与陈太夫人合葬墓碑等多处古文化遗址，有光山县有名的“三台八景”之一的“郎畈春耕”，有“光山县工农民主政府旧址”、“鹭鸶湾战斗纪念地”等革命圣地。独特的地理位置，孕育出特有的自然景观、人文景观：王母观生态园和王母观避暑山庄位于南向店乡南部董湾村境内，因坐落光山县第一高峰——王母观而得名，其主峰海拔433.9m，总面积300hm^2，近年来，由南向店籍在外务工成功人士出资组建王母观生态旅游开发股份有限公司，对王母观进行了系列开发，修通了山顶至山脚8km的上山水泥公路，新建成50床位山庄2处，架低压线路4km。园内珍禽异鸟繁多，春夏秋冬四季分明，有天然石洞、野生天然核桃林、龙潭寺、罗沟湖、天然枫树林、毡帽顶、观景台、乌龟石、打儿窝、西崖水库等旅游景点12处。王母观景色悦目清新，山清水秀，醉人心脾，是天下宾朋观光旅游、休闲养生、享受世外桃源的理想去处。五岳水库位于南向店乡政府所在地4km处，寨河流域上游，青龙河主干右侧五岳庙附近，为河南省大型水库之一。著名历史人物有：胡煦，生于1655年，卒于1736年，字沧晓，号紫弦，南向店乡老虎山村人，胡煦自幼勤奋好学，博览群书，善写文章，常潜心钻研《周易》，造诣颇深。经引荐，自陈所学于康熙，后屡被召见，问卦爻中疑义，命画图以讲解，甚得康熙赏识，夸其为“真苦心读书人”，随即被提升为南书房检讨官，1716年擢升为鸿胪寺卿，1723年授内阁学士典礼部侍郎，1727年，充《明史》总裁，为兵部侍郎知贡举，1732年，转礼部左侍郎，后因河东总督田文镜上奏被罢官，1736年官复原职，荫封其子入国子监读书，不久病故于北京，葬于南向店乡老虎山村，有清乾隆帝赐墓碑。胡煦一生著述甚多，主要有《周易函书》118卷（分“原图”、“原卦”、“原爻”、“原占”4个部分），至今仍有很高的学术研究价值。胡季堂，生于1729年，卒于1800年，系胡煦之幼子。1964年，经文化部考证，季堂被列为“唐代至清代全国知名书画家”之一。

环山村位于南向店乡西部，与殷棚乡的杨冲村为邻。该村被一座座青山环抱和一条条溪水缠绕，一条“村村通”水泥路贯穿其中。白果树村民组因那株千年白果树而得名。

据村委金主任讲述，该株千年白果树曾是该白果树村民组的功臣，原在“皇粮国税”上缴、乡村统筹提留时代，每年出售白果的收入抵得上该组应上缴的所有费用。

大山寨千年银杏

学名：银杏(*Ginkgo biloba* L.)
银杏科(Ginkgoaceae)
银杏属(*Ginkgo*)

寨山胜景果非凡，
顶上孤株可撑天。
冬到人间落叶后，
春回大地吐芽先。
鹿鸣树底声幽雅，
鸟唱枝头韵新鲜。
何故游人常稽首，
风骚独领一千年。

大山寨林场始建于20世纪70年代，隶属于光山县南向店乡政府，它的闻名源于场部南侧那株千年白果树（雄性）。

编号为14–115的银杏高大挺拔，树龄1000年，树高26m，通直粗壮，胸围400cm，地围540cm，树冠庞大，东西、南北冠幅均有20m，树冠呈“V”形，层次分明，侧枝发达，树干在4m处分侧枝，树干中部有空洞，长势一般。它曾经是“京—广”航线上的一盏明灯。

帅洼千年枸骨

学名：枸骨(*Ilex cornuta* Lindl.)
冬青科(Aquifoliaceae)
冬青属(*Ilex*)

光山县晏河乡帅洼村伏岭岗村民组下队曾姓坟山上生长一株千年古枸骨树——编号15-151。树龄1000年，树高9m，胸围175cm，地围180cm，东西、南北冠幅均为11m，树干通直圆润，在2.2m处分杈，四大主枝形成伞状树冠，侧枝发达，生长旺盛（左、右）。前几年有位江苏商人慕名前来观赏，看后愿出50万元收购此树，被当地村民回绝。

古树所在地“红色之都”——晏河乡概说：

晏河乡位于光山县西南23km，东与泼陂河镇一水之隔，南与新县田地接壤，西、北与文殊乡、净居寺开发区相邻。全乡辖15个行政村（街）。全乡境内有晏家河、塔沙河、洪石河、杨堂河四条河流纵横交错；各类用材林成材面积达7500亩，野生动植物品种数量巨大；地下矿产资源丰富，现已探明具有开采价值的氟石、荧石、膨润土、珍珠岩、金矿等矿产资源达十几处，其中仅珍珠岩储量就达200万m^3。总面积93km^2，耕地面积3.1万亩，山地山林面积6.6万亩。

晏河乡民风纯朴，人杰地灵，风景优美，资源丰富，文化底蕴丰厚。红色鄂豫皖省委旧址坐落在管围孜徐畈，这里是革命家许继慎、徐向前、成仿吾等战斗过的地方。

徐畈革命旧址群，方圆约1km^2，有文物保护单位25处，保护寨墙2km，共有房屋367间，是豫南地区现有最大的古建筑群之一。早在1931年春至1932年8月是鄂豫皖特委部分机关和中共光山县委、县苏维埃政府所在地，是当时鄂豫皖新集之外的又一政治中心，有“红都”之美誉，现为全国重点文物保护单位。

徐畈革命旧址群原是徐姓大地主庄园，明末就修筑成寨堡。国民党河南省参议员刘春圃纠集徐畈的地方民团头子徐作臣勾结附近反动势力红、黄两帮学会企图凭险顽抗，阻止革命发展。1930年6月，红一军一支小部队和赤卫队决定要拔掉徐畈这颗钉子，但由于寨墙坚固、寨堡林立，墙上又有深壕环绕，加之敌枪火猛，红军攻寨月余久克不下。1930年12月底，红军军长许继慎亲临徐畈阵地，决定挖堑道通寨边、挖深沟排壕水、筑土台扎木城，用逼、困兼施的办法打击敌人，终于攻破了徐畈坚固的寨堡。1932年元月，光山县苏维埃政府机关从李湾迁到徐畈，此后，鄂豫皖特委的一些机关和组织部、宣传部、党校保卫局、法庭、红74师的军部、干训所、列宁小学等机关相继迁到徐畈。许继慎、徐向前、成仿吾、周纯金、戴继英等领导人都先后在此工作过。红军在徐畈自建了营房，领导开展农民运动，开办干部训练班，加强对工农干部的培养，宣传革命，保卫苏区。10月张国焘推行“肃反”扩大化，徐畈一度成为重灾区，先后有近千名的优秀儿女遭受无情迫害和冤杀。1932年9月，第四次反“围剿”失利后，徐畈失守，徐畈作为鄂豫皖革命根据地的政治中心之一，有将近两年之久。这里家家住过红军，户户支援革命，这里的山山水水都印满了红军的足迹，是名符其实的红色堡垒。

第二章

世纪见

郁郁高岩表
森森幽涧陲
鹤栖君子树
风扶大夫枝
百尺条阴合
千年盖影披
岁寒终不改
劲节幸君知

殷棚银杏

学名： **银杏**(*Ginkgo biloba* L.)
银杏科(Ginkgoaceae)
银杏属(*Ginkgo*)

编号13-098的是东边一株（雌性）。树龄500年，树高25m，胸围343cm，地围425cm，东西冠幅21m，南北冠幅15m，树干粗壮，树冠庞大，长势旺盛。

殷棚银杏

学名：银杏(*Ginkgo biloba* L.)
银杏科(Ginkgoaceae)
银杏属(*Ginkgo*)

殷棚乡位于河南省光山县西南部，地处豫鄂两省及新县、罗山、光山三县结合部，属典型的浅山区乡、沿边乡。这里山清水秀、空气清新，是天然氧吧和休闲胜地，尤以风光绮丽的牢山寨和山水交融的五岳水库最为有名；这是一片红色的土地，著名的殷区起义就诞生在这里，这里走出了一大批革命前辈，钱钧将军便是他们杰出的代表。

殷棚乡殷棚村枣榜村民组（广寺）远近闻名，闻名的原因是他们拥有两株树龄在500年以上的大白果树和白果树上神鹭的传说。

传说寺内的僧人为了提高武艺，老和尚经常率领寺和尚在白果树上练习倒挂金钩。由于树滑，老和尚不小心从树上掉下来摔死了。后来其他老和尚也相继去世。因香火不旺，生活所迫，广寺逐步衰败。说来也怪，自从老和尚死后，广寺附近的村民们经常在夜里听到门前树里发出“哼哼”的声音。村民们都说“这是寺里死去的老和尚在叹息，他们是借着树来向世间诉说着悲惨命运”。

第二年的清明节，广寺门前这两株树上落满了白鹭，不停地哀鸣。不知哪儿来了一位阴阳先生说：“这是老和尚的化身，化作白鹭来纪念老和尚的死难日”。从此以后，这里白鹭春来秋往，给广寺附近的村民带来好运。

第三年的清明节白鹭们又来了，它们在树上伸着脖子，不断地发出高亢悦耳的鸣叫，吵闹村民不得安宁。一天有位村民拿来一支猎枪，一连打死了10来只，第二天早上村民们起来看，一只白鹭也没有了，连打死的白鹭也不见了。

自从白鹭被撵走后，广寺附近风不调、雨不顺，不是瘟疫，就是天灾，民不聊生。这时那位阴阳先生又来了，对村民说：“这里的白鹭不能打，他们是和尚的化身，是神鹭，有它们的保护才能为你们消灾免祸，安宁度日”。先生走后，村民们商议求神仙再把白鹭请回来……

说来也巧，第四年的清明节，果然神鹭全都来了，并在树上筑巢，繁育，建立美好家园。从此，这里的村民们过着风调雨顺，六畜兴旺，五谷丰登的好日子。

编号为13-099的是西边一株（雌性）。树龄500年，树高23m，胸围420cm，地围520cm，东西冠幅20m，南北冠幅26m，树干粗壮，树冠庞大，长势旺盛。

陈乡侧柏

学名：侧柏(*Platycladus orientalis* (Linn.)Franco)
柏科(Cupressaceae)
侧柏属(*Platycladus*)

北株侧柏，栽植于宋代。编号为17-180，树龄800年，树高9m，胸围195cm，地围220cm，冠幅为5m，树干基部开裂（纵裂）呈“搓绳状”，树干呈逆时针旋转，并在5m处有三分之二开裂，树冠窄小，侧枝不发达，长势较差。

陈乡侧柏

学名：侧柏(*Platycladus orientalis* (Linn.)Franco)
柏科(Cupressaceae)
侧柏属(*Platycladus*)

南株，编号17-181，树龄800年，树高9m，胸围210cm，地围230cm，东西、南北冠幅均有5m宽，树干呈逆时针旋转，树干自基部至第二轮侧枝6m处南侧干纵裂中空，树冠窄小，长势一般。

古树所在地——红色旅游线——砖桥镇概说："刘邓大军挺中原，万马奔腾大别山。光辉伟业史册载，丰笔记下王大湾"。砖桥镇位于光山县城东南25km，全镇现有14个村（街），总面积69.5km^2。

该镇红色旅游资源丰富，这里是著名上将尤太忠的诞生地，是中科院院士文圣常、大校军衔鄢思中、潘永提的故乡。王大湾会议旧址位于砖桥集镇南头，是全国红色旅游精品线路。1947年8月，刘伯承、邓小平率晋冀鲁豫12万精兵千里挺进大别山，进驻光山县。9月27日至29日针对军中纪律散漫的右倾情绪，在光山县砖桥集镇南头的一座古色古香的院落里，召开旅以上高级干部整军会议——这就是著名的有着中国解放战争史上"古田会议"之称的"王大湾会议"。"王大湾会议"是中原突围和解放战争的重大转折点，为中国人民的解放事业书写了神圣而光辉的一笔。

在砖桥镇陈乡村晏庄村民组生长着两株宋代侧柏，都有着800多年的树龄。

大李冲圆柏

学名：圆柏(*Juniperus chinensis* L.)
柏科(Cupressaceae)
刺柏属(*Juniperus*)

编号17–184的西株为“弟弟”树（图中左株），与“兄长”树间隔3.5m，树龄500年，树高10m，胸围160cm，地围200cm，东西冠幅9m，南北冠幅10m，树干通直，在2m处分杈，树冠呈塔状，层次分明，侧枝发达，生长旺盛，不愧为“兄弟”树，它们的形态特征几乎一样。

光山县砖桥镇大李冲村田兴村民组村北口公路旁的小庙前，生长两株500年以上的“兄弟”树。树后是小庙，很早时香火旺盛，在破四旧立四新的年代被拆除，随着民族传统文化的大力提倡和振兴，以及为了很好地保护这两株历经岁月沧桑磨难的“兄弟”，村民就在树旁重新修建这座小庙。每到初一、十五、二月二、三月三庙会这天便人山人海，香烛缭绕。

编号17-183的东株为“兄长”树（图中右株），树龄500年，树高10m，胸围180cm，地围210cm，东西冠幅9m，南北冠幅10m，树干通直，树皮纵裂，在2m处分杈，树冠呈“塔状”层次分明，侧枝发达，长势旺盛。

魏湾古银杏

学名： 银杏(*Ginkgo biloba* L.)
银杏科(Ginkgoaceae)
银杏属(*Ginkgo*)

编号17–188的银杏位于光山县砖桥镇魏湾村罗乡村民组，树龄600年，树高20m，胸围410cm，地围410cm，东西冠幅14m，南北冠幅11m，树干自基部树皮纵裂，凸凹不平，由于遭受过雷击起火烧灼，现无主头，树冠不平衡，东南侧枝条多、西北侧枝条少。如今，自树干基部起满身萌生大量的新枝条，犹如枯木逢春，长势旺盛。

雀村古圆柏

学名：圆柏(*Juniperus chinensis* L.)
柏科(Cupressaceae)
刺柏属(*Juniperus*)

古树所在地——豫南水乡——泼陂河镇概说：

光山县泼陂河镇位于大别山北麓，南通武汉三镇，北驰京津，京九铁路、大广高速穿境而过，为鄂豫两省交通之要道。该镇面积143km²，辖24村（街），素有“豫南水乡”之美誉。

泼陂河山劲水柔、风光旖旎。獐鹿山、马鞍山衣带峰壑，牵着大别山的余脉，重峦迭起；泼陂河、塔沙河裹挟溪流，笼着淮河水的秀气，逶迤交汇。集豫南山水大成的是浩瀚的南朔州湖。湖截流而筑，湖面开阔，湖水清澈；溯湖而上，回曲百里，岸峰夹峙，内岛婆娑，山水相依相恋，把豫南古镇滋润装点得仪态万方、风情万种。

泼陂河古迹荟萃、历史悠久。大革命时期为大别山根据腹地；解放战争时期为中原大军大突围、刘邓大军千里挺进大别山的战略要地。1921年，这里就诞生了党组织的雏形“光山学界同人会”；1930年，诞生了党的最早的基层政权苏维埃政府。也是红四方面军三十七师诞生地。这里的青山，埋葬了无数英雄的忠骨；这里的大河，倒映了许继慎、高敬亭、吴焕先、徐海东、许世友英雄与战马的身影；这里的土地，深留着刘伯承、邓小平、徐向前、李先念等老一辈无产阶级革命家战斗的脚印。因而，这里是“红血染身精神不死，青山埋骨草木皆香”的英雄土地。

泼陂河文化灿烂、底蕴深厚。这里诞生了一代又一代风云人物，有明末进士、广西巡抚毕佐周，革命先驱黄介人、万海峰，学界泰斗涂又光，文学艺术界西北花坛领袖徐庶之等。

泼陂河山地肥沃，物阜粮丰。这里的人，枕着大河的涛声，过着田园般的生活，素有“豫南的鱼米之乡”之美誉。

2010年，光山县泼陂河镇党委、政府把生态建设当作开春第一仗来打，在生态建设上实施“四个一工程”，即每村最低营造100亩以上的一片林、绿化3km以上的一条路、绿化植树1000株以上的一个村庄、绿化一个单位（学校、村部或卫生室）。按照“谁栽、谁有、谁管、谁受益”的原则，抓住生态创建的难得机遇，充分调动全镇干部群众积极性，迅速掀起春季林业生产高潮。截至3月底，全镇共完成植树40余万株，折合面积近7000亩。

肖湾村民组位于泼陂河镇雀村西北部，是一个半平原半岗地的小村庄，“村村通”水泥路贯穿其中。如果有人问起肖湾，十里八乡的人马上就会告诉你，因为该村民组的岗上有株近千年的大柏树而闻名。

据村民吴老汉讲述，老辈人相传该株圆柏树是吴家祖先所栽植，距今已有800多年，现已成为全体村民的共同财富。

编号16-162，树龄800年，树高13m，胸围270cm，地围335cm，东西冠幅13m，南北冠幅11m，树干通直，主干基部周围纵裂至1.3m处膨大，树干6m处分杈，树骨干枝呈“人”字形，树冠呈伞状，长势一般。

南李洼村民组位于光山县晏河乡李畈村东南部，该村民组中间，现保存清朝末期浙江绍兴建筑风格房屋旧址20余间，传说房主为兄弟二人所建，兄在浙江绍兴做官，弟在京都做官。该村民组坐落于山坳里，背靠青山，面临碧水，树木葱郁，山水如画，鸟语花香。在该村民组的渠道旁，生长着一株构骨树（雌性）。

该株构骨独株成林，每年4月开花，花形小，呈淡绿色，簇生在老枝上，秋季果实累累，呈球形状，果色先绿后红，叶形奇特，鲜艳美丽，景色迷人。

李畈构骨

学名：构骨(*Ilex cornuta* Lindl.)
冬青科(Aquifoliaceae)
冬青属(*Ilex*)

编号15-145，树龄600年，树高6m，胸围120cm，地围140cm，东西、南北冠幅均为8m，因渠道几经堆土加高、加厚而树干基部被埋，周围萌生了近30株小主干，数枝丛生，浑然一体，长势旺盛。

李畈圆柏

学名： **圆柏**(*Juniperus chinensis* L.)
柏科(Cupressaceae)
刺柏属(*Juniperus*)

光山县晏河乡李畈村夏洼村民组水塘埂上，生长着一株树龄近500年的圆柏树，编号15-143，树高10m，胸围200cm，地围270cm，东西、南北冠幅均为7m，树干在1m处分杈，两大主枝又形成四大侧枝，平行向上生长形成伞状树冠，长势旺盛。

程山侧柏

学名：侧柏(*Platycladus orientalis* (Linn.)Franco)
柏科(Cupressaceae)
侧柏属(*Platycladus*)

编号15-138的是东株。树龄800年，树高16m，胸围240cm，地围270cm，东西、南北冠幅均为11m，树干自基部至2.5m处树皮开裂，树冠枝条稀疏，南边无侧枝，呈濒死状。

程山侧柏

学名：侧柏(*Platycladus orientalis* (Linn.)Franco)
柏科(Cupressaceae)
侧柏属(*Platycladus*)

柏树因其抗性强、适应性广、生长缓慢、寿命极长、树姿优美、终年常绿、材质坚实、具有芳香味而备受广大人民群众的喜爱，广泛栽植于百姓的坟山上、塘坝上、名胜古迹、古刹寺庵等地方。

光山县晏河乡程山村冷畈村民组的村口，生长着两株树龄约有800余年的古侧柏树。

据村里老人讲述：冷畈村民组全是冷姓氏，其先祖自江西迁到此地定居，至今已繁衍到第19代人，相传古柏树在冷姓先祖迁来时就已经栽植多年，约有800余年历史。公元2008年清明节时，冷姓后人为其三世先祖在古柏树前立下纪念碑。并给两株古树四周修建一座60cm高的砖砌围墙以保护古树。

编号15–139的是西株，树龄800年，树高16m，胸围185cm，地围220cm，东西冠幅9m，南北冠幅11m，树干基部至1.8m处无树皮、干开裂，枝桠稀疏，东南方向侧枝死亡，长势极差，濒死。

潘畈侧柏

学名： **侧柏**(*Platycladus orientalis* (Linn.)Franco)
柏科(Cupressaceae)
侧柏属(*Platycladus*)

潘畈村鲁湾村民组位于光山县晏河乡政府西南部，四面环山，植被丰富，树木葱郁，鸟语花香，环境优美，恰似人们所向往的世外桃源。在村庄后山岗鲁姓坟山上生长着一株古侧柏树。

编号15-132，树龄500年，树高7m，胸围220cm，地围250cm，东西、南北冠幅均为7m，树干通直，略呈逆时针方向旋转，树冠偏向西南，无主头，主干曾经遭过雷击但无损坏，第一轮侧枝呈伞状，整个树长势一般、略衰。

编号15-156，树龄500年，树高18m，胸围260cm，地围300cm，东西、南北冠幅均为8m，树干通直，基部东南侧萌生一侧枝于水塘中（也结果），侧枝较发达，长势一般。

徐湾银杏

学名：银杏(*Ginkgo biloba* L.)
银杏科(Ginkgoaceae)
银杏属(*Ginkgo*)

光山县晏河乡徐湾村祝冲村民组的门口水塘边，生长着一株有500年树龄的大白果树，雌性。

据该组一祝姓村民讲述，该白果树据上辈人相传已有500年以上的树龄，正常年份结果量在300斤左右，最多年份结果量在600斤左右，那时卖白果的钱可以抵得上全村民组所有人口应上缴乡村两级的各种统筹提成、税费等负担。

万河圆柏

学名：圆柏(*Juniperus chinensis* L.)
柏科(Cupressaceae)
刺柏属(*Juniperus*)

在光山县槐店乡万河村后汪店村民组的坟山上，生长着一株800年的古圆柏树，编号11-073，树高10m，胸围195cm，地围250cm，东西冠幅14m，南北冠幅12m，树干通直，在4m处分三大主枝形成树冠，侧枝发达，叶色翠绿，远观似若华盖，长势旺盛。

古树所在地——将军的故乡——槐店乡概说：

槐店乡位于光山县城南部，寨新公路、光白路、京九铁路、大广高速公路纵横全境，所辖18个行政村(街)，全乡总面积97.8km^2，其中耕地面积3.8万亩，山林面积2.8万亩。

该乡历史悠久，风景秀丽，素有“红色的土地、将军的故乡”之称，是红四方面军、红二十八军战斗过的地方，境内有“望城区苏维埃旧址”、“潢光战役槐店战斗纪念地”，是万海峰、曹学德将军的故乡。西部明珠龙山水库，是集青虾养殖、水上游乐、防洪灌溉、城市供水为一体的综合性水利设施。

杨岭圆柏

学名： 圆柏(*Juniperus chinensis* L.)
柏科(Cupressaceae)
刺柏属(*Juniperus*)

古树所在地——林茶之乡——凉亭乡概说：

凉亭乡位于光山县城东南部，全乡辖15个行政村，总面积62.5km²，其中，山林面积5.7万亩，耕地面积1.34万亩，生态林面积3.65万亩，森林覆盖率62.5%，是一个“六山一水二分田，一分道路和庄园”的典型浅山区，又是拥有“万亩松杂万亩杉，万亩板栗万亩茶”的林茶之乡，是河南省著名的万亩茶乡，河南省科技示范乡。

凉亭乡东邻106国道，西接京九铁路，凉砖路、凉白路、凉泼路穿境而过，15条村村通水泥路，两个通信机站已投入运营。

境内的赛山位于鄂豫皖三省结合部，整个游览区占地面积16km²，有生态林3600亩，赛山海拔374.3m，属大别山余脉。现主要景点有：点将台、饮马池、明代的寨墙、碑碣，有较高考古价值的出土文物，明朝万历年间的铁磬、铁钟、石香炉、喂马槽和宋代的观音像，有现代重建的元相寺和练兵场等，东西南北四门尚存，山寨南北两井清泉长流。相传1000多年前的侠女马千金就曾占此山为王，反贪官污吏，打富济贫，深受百姓拥戴，至今人们仍念念不忘，每逢佳节，游客络绎不绝。远近闻名的元相寺就坐落于赛山之巅。此寺始建于唐宋年间，1993年进行修复，现有房屋50余间，塑像150余尊，古井24口，石碑近百块，故有“登赛山把相寺游，能解人间忧和愁。到此山来寺中观，胜做一次活神仙”之说。山上林木葱郁，花草繁多，山花灿烂，气候温和，雨量充沛，四季云雾缭绕，景色宜人，为古光山著名的“三台八景”之一。境内“三山”（赛山、梁山、马山岭）一寺（香龙寺），四条茶叶经济带盘绕茶乡，茶园四季长青，景色迷人。春有茶花，夏有金银花，秋、冬有油茶花。三·八林场的茶花在泼陂河水库的映照下，艳丽多姿。

杨岭村大雷洼村民组位于凉亭乡东南部深山区里，盛产茶叶、杂果，植被丰富，环境优美，森林覆盖率高达62.5%。村庄西边茶叶山坡与进村路交叉口处有一株饱经沧桑的古圆柏树，距今已有500年。据村老汉胡世华讲述，该树几遭雷击后，没有主头，四个主枝皆是遭雷击后重新萌生。

编号18-198，树龄500年，树高10m，胸围260cm，地围310cm，平均冠幅10m，树干在3m处分成4主枝形成树冠，其中东侧主枝形成树高，侧枝较发达，长势一般。

蔡桥银杏

学名：银杏(*Ginkgo biloba* L.)
银杏科(Ginkgoaceae)
银杏属(*Ginkgo*)

古树所在地——将军的故乡——斛山乡概说：

斛山乡位于大别山北麓淮河南部，河南省光山县城东南15km处，总面积140km2。其中耕地面积5.5万亩，山林面积0.9万亩。全乡辖24个行政村（街）。光白公路横贯东西，东临106国道，西有京九铁路，大广高速公路穿境而过；李先念、徐海东、程子华、吴焕先、王树声等领导曾在此留下革命斗争的足迹，斛山寨战斗遗址和油坊店—潢光战役红军烈士墓地旧址列入史册；吕清（少将）、范振江（大校）为国为民履立战功；天赐城"花木之乡"闻名全国。

传说明朝初期，朱元璋还未登基皇位之前遭遇追兵，逃到斛山乡天赐城一小潢河边的一条田埂上。因太累太困，头枕一把雨伞两臂伸直，两腿叉开睡着了。此时，有一道士打此经过，朱元璋又侧身一睡，道士惊呼曰："天子"。朱元璋登基后，当地村民就在其睡觉的地方建了一座庙，叫"天子庙"以示纪念。

而在蔡桥村苏围孜村民组的正西方有一座小庙，庙的西南方有一株500年的大银杏树。据村苏支书介绍，苏围孜在古代是一座"寨"，为防止兵祸、土匪，四周均挖有壕沟，现在变成水塘了。在清朝初期，建有一座古庙，每到正月十六这一天，十里八乡的群众扶老携幼前来奉香、烧纸，热闹非凡，据上辈相传，先有银杏后有庙。

编号12-075，树龄500年，树高17m，胸围220cm，地围260cm，东西冠幅13m，南北冠幅15m，树干通直、圆润，在6m处分杈，四大主枝形成伞状树冠、无明显主头，北侧主枝形成树高，侧枝较发达，长势一般。

刘楼侧柏

学名：侧柏(*Platycladus orientalis* (Linn.)Franco)
柏科(Cupressaceae)
侧柏属(*Platycladus*)

古树所在地——十里镇概说：

十里镇位于光山县城东北部十华里，区位优越，交通发达，寨新路、光潢路穿境而过，上武高速、大广高速呈十字贯穿全境；五岳、龙山两大灌渠流入镇内，小黄河在镇东部蜿蜒而下，水资源丰富，农业生产便利，发展苗木花卉得天独厚：苗木花卉面积已达1.2万亩，花木品种达100多种。苗木花卉畅销全国20多个大中城市和100多个中小城镇。

十里镇刘楼村是光山县著名的花木之乡，也与一河之隔享有"全国花木之乡"美誉的卜塔集镇连为一体。全村有40%的土地面积种植苗木花卉。

在该村王店村民组的庙前，生长着一株古老的侧柏树。树龄在600年以上。

编号06-027，树龄600年，树高10m，胸围280cm，地围380cm，东西冠幅10m，南北冠幅9m，树干略向西南倾斜，主干在1m处树干分成两株：大株干通直，小株干弯成90°朝西南方向，树冠侧枝发达，长势旺盛。

鸡冠古圆柏

学名：圆柏(*Juniperus chinensis* L.)
柏科(Cupressaceae)
刺柏属(*Juniperus*)

古树所在地——红色革命根据地——白雀园镇概说：

红色小城白雀园，物阜人杰古今传。壁合三省别山卧，珠联四县一水穿。文昌阁笑迎刘邓，白露波横拒敌顽。昔日桃源今开户，金光大道呈眼前。白雀园镇位于光山、商城、新县、潢川四县结合部，106国道、339省道贯穿镇境。境内有大尖山、唐宋山、毛爷山、石仙山、罗山岭生态庄园等美丽的自然风景区，镇内大小河流十余条，白露河贯穿全境，环山临水，风光旖旎。全镇绿化覆盖率56%，道路绿化覆盖率100%，是市级生态示范乡镇。

白雀园镇自古人文荟萃，明贤辈出，涌现出曹登庸、胡培桂等历史名人。从白雀园走出了共和国的将军和大批革命干部，少将傅家选、杨明山、邹善芳，大校冉虹，上校刘仕香，就是其中的代表。

白雀园镇是我党从事革命活动的重要场所，明清街是革命机关的主要驻地。土地革命时期，是鄂东北、豫东南、皖西北三块红色区域的交通要衢，是白雀园区苏维埃机关的驻地，也是光山赤卫独立师师部、红73师师部、鄂豫皖中央分局军委临时革命法庭、赤色民警局等红色机关的所在地，还设立过红军枪械修造所、经济公社、红军医院、苏维埃工农演讲所等机构，鄂豫皖经济货币是从白雀园经济公社印刷发行的。1931年，张国焘在此谋划和主持了震惊中外的“白雀园大肃反”，香炉山上矗立着徐向前元帅题写的“白雀园殉难烈士纪念碑”。解放战争时期，是中原军区一纵一旅（皮定钧旅）旅部的驻地和中原突围的出发地，刘邓大军千里跃进大别山时，刘伯承、李先念、尤太忠、张体学等均在白雀园生活和工作过，现仍保留有刘伯承、李先念、皮定钧等老一辈无产阶级革命家的生活旧居。

白雀园镇鸡冠村庙湾村民组后山坟山顶上，生长着一株500余年的圆柏树，据该村民组一位姓张的老太太介绍说：你们看树枝上挂有红布条、地上有炮纸，每当谁家有事情都要到柏树下许愿、还愿、烧纸、放炮，它是我们的“镇宅树”。

编号19-208，树龄500年，树高11m，胸围210cm，地围260cm，东西、南北冠幅均为12m，属集体所有。树干自基部至分枝处树皮自下而上纵棱裂，树冠呈伞状，层次分明，侧枝较发达，长势旺盛。

第三章

百年沧

桑

手植知何代
年齐偃盖松
结根生别树
吹子落邻峰
古干经龙嗅
高烟过雁冲
可佳繁叶尽
声不碍秋钟

银杏

Ginkgo biloba L.

别名白果树、公孙树。银杏科银杏属，落叶大乔木。本属仅银杏一种，系原产中国的著名孑遗树种之一。银杏科植物发生于古生代末期。中国汉末三国时期，在江南地区已盛栽银杏，唐代就有种银杏的记载，至宋代栽培更为普遍，并传入日本，以后，银杏又由日本传至欧洲、美洲，现在世界50多个国家均有栽培。银杏树高可达40m，胸径4m，冠幅可达36m。树干通直，全体光滑无毛，有长、短枝之分。叶扇形，叶脉二叉状。雌雄异株，少同株，雄株高大直立；雌株枝开张或略下垂，叶薄裂浅。雌雄球花均生于短枝，雄花下垂，数朵排列成柔荑花序状；雌花数朵簇生，可结2~16个种子。种子具长梗，椭圆形、近球形，外种皮黄、橙黄色至青色，肉质而有恶臭，中种皮骨质，胚乳肉质。银杏在信阳地区4月展叶，4~5月开花，10月果熟，11月落叶。

银杏栽培分布广泛，在中国北至辽宁，南达广东的23个省（市、自治区）均有栽培，集中产区为江苏泰兴、吴县、邳州，浙江诸暨、富阳，山东郯城等地。在多种土壤中均可生长，而以肥沃深厚、湿润且排水良好的土壤生长最好。阳性树种，深根性，抗旱力强，忌涝，对大气污染有一定的抗性。为长寿树种，树龄千年以上者中国多有记载。如山东省莒县浮来山3000多年生的银杏，高24.7m，直径4.1m。光山县净居寺银杏1300多年，高27m，胸径1.65m。

马畈银杏

学名： 银杏(*Ginkgo biloba* L.)
银杏科(Ginkgoaceae)
银杏属(*Ginkgo*)

编号为08-037的银杏位于光山县马畈镇马畈村陈洼村民组，树龄200年（雌性），树高16m，胸围200cm，地围240cm，平均冠幅8m，树干通直，略向北倾斜10°左右，树干基部南侧有空洞现象，树冠呈伞状，长势一般。

北洼银杏

学名： **银杏**(*Ginkgo biloba* L.)
银杏科(Ginkgoaceae)
银杏属(*Ginkgo*)

编号为08-040的银杏位于光山县马畈镇北洼村夏朝村民组门口水塘西南侧，树龄200年（雌性），树高12m，胸围240cm，地围260cm，平均冠幅12m，树干通直，树干在3.5m处分杈，两大主枝的侧枝发达，形成伞状树冠，长势旺盛。

北洼银杏

学名： **银杏**(*Ginkgo biloba* L.)
银杏科(Ginkgoaceae)
银杏属(*Ginkgo*)

编号为08-041的银杏位于光山县马畈镇北洼村李湾村民组，树龄200年（雌性），树高11m，胸围210cm，地围180cm，平均冠幅9m，树干通直，在2.5m处分杈，两大主枝形成树冠，主干北侧树皮剥落，北侧枝的枝干上有一个枯洞，长势一般。

太平银杏

学名：银杏(*Ginkgo biloba* L.)
银杏科(Ginkgoaceae)
银杏属(*Ginkgo*)

编号为08-044的银杏，位于光山县马畈镇太平村方窑村民组门口水塘西侧，树龄400年，树高18m，胸围320cm，地围360cm，平均冠幅13m，树干通直，主干在4m处分杈，主干顶端优势明显，侧枝发达，树冠呈伞状，长势旺盛。

永林银杏

学名： **银杏**(*Ginkgo biloba* L.)
银杏科(Ginkgoaceae)
银杏属(*Ginkgo*)

编号为08-048的银杏位于光山县马畈镇永林村北冲村民组大洼山田埂边上，树龄120年（雌性），树高11m，胸围170cm，地围210cm，平均冠幅12m，树干通直，树干从3.5m处分杈，无主头，侧枝发达，树冠层次分明，长势旺盛。

编号为08-051的银杏(雄性)，位于光山县马畈镇锡山村汪窑村民组门口水塘南坝埂上。树龄110年，树高18m，胸围172cm，地围190cm，东西冠幅12m，南北冠幅10m，树干通直，树冠层次分明，侧枝发达，长势旺盛。

锡山银杏

学名： 银杏(*Ginkgo biloba* L.)
银杏科(Ginkgoaceae)
银杏属(*Ginkgo*)

徐寨银杏

学名：银杏(*Ginkgo biloba* L.)
银杏科(Ginkgoaceae)
银杏属(*Ginkgo*)

编号为08-055的银杏位于光山县马畈镇徐寨村冯庄村民组，树龄110年（雄性），树高10m，胸围140cm，地围180cm，平均冠幅7m，树干通直，树干顶端优势不明显，树冠狭窄，长势一般。

石佛银杏

学名：银杏(*Ginkgo biloba* L.)
银杏科(Ginkgoaceae)
银杏属(*Ginkgo*)

编号为09–059的银杏，位于光山县罗陈乡石佛村向洼村民组门前，树龄400年，树高16m，胸围270cm，地围320cm，东西冠幅13m，南北冠幅10m，树干通直，树干基部东北方向无树皮，无明显主枝，侧枝顶梢有枯死状，长势一般。

陈大院银杏

学名：银杏(*Ginkgo biloba* L.)
银杏科(Ginkgoaceae)
银杏属(*Ginkgo*)

编号为12-078的银杏位于光山县斛山乡陈大院村陈大院村民组，树龄200年（雌性），树高12m，胸围125cm，地围170cm，平均冠幅6m，树干略向东南倾斜，树冠窄小，树干已重生新枝，长势一般。

凉亭银杏

学名： 银杏(*Ginkgo biloba* L.)
银杏科(Ginkgoaceae)
银杏属(*Ginkgo*)

编号为13-097的银杏位于光山县殷棚乡凉亭村杨洼村民组门口水塘东边，树龄300年（雄性），树高17m，胸围270cm，地围340cm，平均冠幅9m，树干主头已折断，树侧枝的梢部均折断，树干基部有空洞现象，长势较差。

环山银杏

学名： 银杏(*Ginkgo biloba* L.)
银杏科(Ginkgoaceae)
银杏属(*Ginkgo*)

编号为14-108的银杏，位于光山县南向店乡环山村亮马墩村民组的南—殷公路北侧，树龄200年，树高18m，胸围200cm，地围250cm，东西冠幅14m，南北冠幅13m，树干圆润通直，在5.5m处分杈，6大主枝形成伞状树冠，侧枝发达，长势旺盛。

该株是雄性白果树，只开花，不结果，专门为周围的雌性白果授粉。

环山银杏

学名： **银杏**(*Ginkgo biloba* L.)
银杏科(Ginkgoaceae)
银杏属(*Ginkgo*)

编号为14-111的银杏，位于光山县南向店乡环山村杨堂村民组，树龄110年，树高18m，胸围157cm，地围210cm，平均冠幅11m，树干通直高大，在3.5m处分杈，侧枝发达，层次分明，树冠呈典型伞状，长势旺盛。

环山银杏

学名： 银杏(*Ginkgo biloba* L.)
银杏科(Ginkgoaceae)
银杏属(*Ginkgo*)

编号为14–113的银杏（雄性），位于光山县南向店乡环山村杨堂村民组，树龄150年，树高16m，胸围220cm，地围350cm，东西冠幅11m，南北冠幅13m，树干通直，在6m处分杈，三大主枝形成伞状树冠，树干基部1.5m处西南方向树皮纵裂，长势一般。

环山银杏

学名：银杏(*Ginkgo biloba* L.)
银杏科(Ginkgoaceae)
银杏属(*Ginkgo*)

编号为14-114的银杏，位于光山县南向店乡环山村杨堂村民组，树龄150年，树高20m，胸围235cm，地围280cm，平均冠幅20m，树干圆润通直，在3.5m处分杈，顶端优势明显，树冠层次分明，侧枝发达，树冠呈塔伞状，长势旺盛。

闵冲银杏

学名：银杏(*Ginkgo biloba* L.)
银杏科(Ginkgoaceae)
银杏属(*Ginkgo*)

编号为14–116的银杏位于光山县南向店乡闵冲村刘湾村民组，树龄400年（雄性），树高20m，胸围322cm，地围410cm，平均冠幅11m，树干尖削度大，基部粗，顶端细，树干向南水塘方向倾斜约15°，树冠呈伞状，侧枝较发达，长势一般。

编号为15–134的银杏(雌性)，位于光山县晏河乡万湾村梅洼村民组门口塘西山岗上，树龄200年，树高12m，胸围170cm，地围250cm，平均冠幅14m，树干圆润通直，主干在5m处分杈，树冠层次分明，呈伞状，侧枝发达，长势旺盛。

万湾银杏

学名：银杏(*Ginkgo biloba* L.)
银杏科(Ginkgoaceae)
银杏属(*Ginkgo*)

编号为15-149银杏（雌性），位于光山县晏河乡帅洼村伏岭岗上队水塘边上，树龄400年，树高20m，胸围300cm，地围340cm，东西冠幅16m，南北冠幅15m，树干通直，顶端优势明显，树干在3m处分杈，树冠呈伞状，侧枝发达，长势旺盛，每年平均结果量在120斤左右。

帅洼银杏

学名：银杏(*Ginkgo biloba* L.)
银杏科(Ginkgoaceae)
银杏属(*Ginkgo*)

编号为15-150的银杏（雌性），位于光山县晏河乡帅洼村伏岭岗下队，树龄400年，树高19m，胸围250cm，地围400cm，东西冠幅15m，南北冠幅14m，树干通直，在2m处分杈，七大主枝形成伞状树冠，侧枝发达，长势旺盛，每年平均结果在100斤左右。

帅洼银杏

学名： **银杏**(*Ginkgo biloba* L.)
银杏科(Ginkgoaceae)
银杏属(*Ginkgo*)

徐湾银杏

学名： **银杏**(*Ginkgo biloba* L.)
银杏科(Ginkgoaceae)
银杏属(*Ginkgo*)

编号为15-153的银杏位于光山县晏河乡徐湾村上祝村民组，树龄120年（雌性），树高18m，胸围210cm，地围250cm，平均冠幅15m，树干圆润通直，在7m处分杈，主枝优势明显，树冠呈伞状，层次分明，侧枝发达，长势旺盛。

东岳寺银杏

学名： 银杏(*Ginkgo biloba* L.)
银杏科(Ginkgoaceae)
银杏属(*Ginkgo*)

编号为16-168的银杏（雌性）位于光山县泼陂河镇东岳寺林场院内东边，树龄120年，树高25m，胸围170cm，地围180cm，平均冠幅17m，侧枝发达，层次分明，叶色浓绿，美如华盖，长势旺盛。

东岳寺银杏

学名：银杏(*Ginkgo biloba* L.)
银杏科(Ginkgoaceae)
银杏属(*Ginkgo*)

编号为16-169的银杏（雌性）位于光山县泼陂河镇东岳寺林场院内西边，树龄120年，树高24m，胸围150cm，地围200cm，平均冠幅12m，树干通直、圆润，树冠发达，美如华盖，层次分明，侧枝发达，长势旺盛。

田洼银杏

学名：银杏(*Ginkgo biloba* L.)
银杏科(Ginkgoaceae)
银杏属(*Ginkgo*)

编号为16-171的银杏位于光山县泼陂河镇田洼村万张洼村民组，树龄150年（雌性），树高15m，胸围170cm，地围190cm，平均冠幅13m，树干通直，树冠偏冠，东北方向侧枝发达，西南方向侧枝少，长势一般。

陈乡银杏

学名： **银杏**(*Ginkgo biloba* L.)
银杏科(Ginkgoaceae)
银杏属(*Ginkgo*)

编号为17–178的银杏位于光山县砖桥镇陈乡村三里岗村民组门口塘西南角，树龄150年（雄性），树高20m，胸围105cm，地围170cm，平均冠幅5m，树干通直，但树根裸露，基部萌生有5棵小银杏树，树冠窄小，因被周围的速生杨、柳树所包围覆盖，长势一般。

编号为17–189的银杏位于光山县砖桥镇文店村宋湾村民组，树龄300年（雌性），树高20m，胸围200cm，地围260cm，平均冠幅12m，树干通直，树冠呈伞状，侧枝发达，长势旺盛。

文店银杏

学名：银杏(*Ginkgo biloba* L.)
银杏科(Ginkgoaceae)
银杏属(*Ginkgo*)

杨寨银杏

学名：银杏(*Ginkgo biloba* L.)
银杏科(Ginkgoaceae)
银杏属(*Ginkgo*)

编号为19-213的银杏，位于光山县白雀园镇杨寨村程畈村民组程姓坟山上，树龄400年，树高17m，胸围380cm，地围420cm，东西冠幅21m，南北冠幅16m，树干在3m处分杈，两大主枝形成树冠，长势旺盛。

皂荚

Gleditsia sinensis Lam.

别名皂角。豆科皂荚属落叶乔木。高可达20~30m。小枝灰色，树干及小枝上均有棘刺，红褐色，常分枝，刺长可达16cm，圆柱形。羽状复叶簇生，小叶6~14，长卵形至长卵状披针形，长3~8cm，宽1.5~3.5cm，先端钝或渐尖，基部斜圆形或斜楔形，边缘有细锯齿，两面中脉上有细柔毛。花淡黄色，杂性，成腋生及顶生总状花序；雄蕊6~8；雌花子房条形，沿缝线有毛。荚果镰刀形，较厚，不扭转，长12~30cm，宽2~3.5cm，黑褐色，被白色粉霜。花期5~6月，果期10月。木材坚硬，难加工，可做农具、洗衣板、砧板、细木工等；果实富含皂素，可代皂，种子可榨油、可食，果荚入药，可祛痰、利尿等。原产我国东北、华北、华南及西南地区，多生于平原、山谷及丘陵地区。喜光，耐半阴，喜温暖湿润，能耐-20℃低温，喜深厚肥沃土壤，耐干旱、忌水浸，抗大气污染能力较强。实生苗7~8年生可开花结实，深根性，寿命长。是良好的庭荫树和四旁绿化树种。河南省各地习见栽培，多植于路旁、疏林内、溪河两旁及宅旁。

编号为01-001的皂荚，位于光山县孙铁铺镇郭乡村刘前村民组门前，树龄110年，树高12m，胸围220cm，地围270cm，东西冠幅15m，南北冠幅13m，树干通直，在2m处分杈，两大主枝形成伞状树冠，树干的北侧有一空洞，侧枝发达，长势旺盛。

郭乡皂荚

学名： **皂荚**(*Gleditsia sinensis* Lam.)
豆科(Leguminosae)
皂荚属(*Gleditsia*)

编号为03-010的皂荚位于光山县仙居乡滕岗村刘岗村民组孙马公路东侧，树龄120年，树高11m，胸围240cm，地围460cm，平均冠幅17m，树干在3m处分杈，三大主枝形成伞状树冠，树基部呈中空有洞，长势一般。

滕岗皂荚

学名：皂荚(*Gleditsia sinensis* Lam.)
豆科(Leguminosae)
皂荚属(*Gleditsia*)

编号为04-011的皂荚位于光山县北向店乡吴大湾村徐岗村民组水塘边上，树龄200年，树高10m，胸围275cm，地围430cm，平均冠幅11m，树干从基部至分杈处皆中空，有火烧迹象，仅靠韧皮部传导养分、水分，树冠不完整，长势一般。

吴大湾皂荚

学名： **皂荚**(*Gleditsia sinensis* Lam.)
豆科(Leguminosae)
皂荚属(*Gleditsia*)

胡楼皂荚

学名：皂荚(*Gleditsia sinensis* Lam.)
豆科(Leguminosae)
皂荚属(*Gleditsia*)

光山县北向店乡胡楼村徐楼村民组地处青龙河下游，属冲积性平原。沙质土壤肥沃深厚，适宜皂荚树生长。

位于该村民组一位徐姓村民门前的这株皂荚是由该村民太上祖所栽植，为防治病虫害，每年他都给该树喷药及培土、包树盘等。

编号为04-015的皂荚，树龄300年，树高15m，胸围230cm，地围300cm，平均冠幅18m，树干通直，在2.2m处分杈，东西两大主枝各自又分生三个侧枝，侧枝发达，层次分明，形成庞大伞状树冠，枝繁叶茂，该株皂荚树不结果。

大张湾皂荚

学名： **皂荚**(*Gleditsia sinensis* Lam.)
豆科(Leguminosae)
皂荚属(*Gleditsia*)

编号为05-024的皂荚位于光山县弦山办事处大张湾村高老屋村民组门前，树龄130年，树高14m，胸围180cm，地围200cm，平均冠幅13m，树干通直，在3.5m处分杈，三大主枝呈三角状形成树冠，层次分明，侧枝发达，长势旺盛。

编号为08-036的皂荚，位于光山县马畈镇代洼村竹林庄村民组门口水塘北侧，树龄110年（雄性），树高18m，胸围200cm，地围270cm，平均冠幅13m，主干在3m处分杈，两大主枝的侧枝发达，形成伞状树冠，长势旺盛。

代洼皂荚

学名：皂荚(*Gleditsia sinensis* Lam.)
豆科(Leguminosae)
皂荚属(*Gleditsia*)

编号为08-042的皂荚位于光山县马畈镇潘楼村上潘村民组，树龄120年，树高11m，胸围300cm，地围380cm，平均冠幅11m，树干粗壮挺拔，侧枝发达，树冠呈伞状，根系裸露30%，树干在2.5m处分杈，两大主枝生长旺盛。

潘楼皂荚

学名：皂荚(*Gleditsia sinensis* Lam.)
豆科(Leguminosae)
皂荚属(*Gleditsia*)

太平皂荚

学名：皂荚(*Gleditsia sinensis* Lam.)
豆科(Leguminosae)
皂荚属(*Gleditsia*)

光山县马畈镇太平村方窑村民组，地处浅山丘陵地带，山清水秀，其西南靠山、东北邻水（张冲水库），景致宜人。该村民组一刘姓村民大门前，有一株皂荚树。

该株皂荚树是刘姓村民曾祖父、曾祖母结婚时所栽植的纪念树，寓意“多子多福”。前些年，有一浙江商人愿出高价收购此树，但被拒绝，该树既是传家之宝，又是整个村民组的共同财富。

编号为08-043的皂荚，树龄120年（雌性），树高10m，胸围330cm，地围460cm，东西冠幅12m，南北冠幅10m，主干粗壮挺拔，在2.5m处分杈，主干有些中空，两大主枝的侧枝发达，形成伞状树冠，枝繁叶茂。

太平皂荚

学名： **皂荚**(*Gleditsia sinensis* Lam.)
豆科(Leguminosae)
皂荚属(*Gleditsia*)

编号为08-045的皂荚位于光山县马畈镇太平村蚌店村民组（西株），树龄110年，树高15m，胸围210cm，地围220cm，平均冠幅13m，树干通直，主干在2m处分杈，两大主枝的侧枝发达，长势旺盛。

编号为08-046的皂荚位于光山县马畈镇太平村蚌店村民组（中间株），树龄110年，树高15m，胸围138cm，地围140cm，平均冠幅14m，树干圆润通直，主干在2m处分杈，两大主枝及侧枝发达，树冠呈伞状，长势旺盛。

太平皂荚

学名： **皂荚**(*Gleditsia sinensis* Lam.)
豆科(Leguminosae)
皂荚属(*Gleditsia*)

编号为08-047的皂荚位于光山县马畈镇太平村蚌店村民组（东株），树龄110年，树高10m，胸围210cm，地围215cm，平均冠幅16m，树干通直，主干从1.3m处分杈，两大主枝及侧枝发达，形成伞状树冠，长势旺盛。

太平皂荚

学名：皂荚(*Gleditsia sinensis* Lam.)
豆科(Leguminosae)
皂荚属(*Gleditsia*)

编号08-052的皂荚，位于光山县马畈镇锡山村汪窑村民组（中间株），也是其中最大最粗的一株。树龄200年，树高15m，胸围245cm，地围270cm，东西冠幅19m，南北冠幅21m，树干粗壮挺拔，侧枝发达，树冠呈伞状，长势旺盛。

锡山皂荚

学名：皂荚(*Gleditsia sinensis* Lam.)
豆科(Leguminosae)
皂荚属(*Gleditsia*)

编号为08-053的皂荚，位于光山县马畈镇锡山村汪窑村民组池塘的北侧，其南为土山、北为汪窑、东西为冲田。树龄200年，树高16m，胸围190cm，地围220cm，东西冠幅8m，南北冠幅12m，树干粗壮挺拔，树干顶端优势明显，枝叶茂密，枝桠繁多，覆盖面积120m^2，年产皂角达100余斤。

锡山皂荚

学名：皂荚(*Gleditsia sinensis* Lam.)
豆科(Leguminosae)
皂荚属(*Gleditsia*)

编号为08-054的皂荚位于光山县马畈镇锡山村廖窑村民组一村民房前，树龄200年，树高10m，胸围300cm，地围300cm，平均冠幅17m，树干在1m处分四大主枝形成树冠，树干中空，侧枝较发达，长势一般。

锡山皂荚

学名：皂荚(*Gleditsia sinensis* Lam.)
豆科(Leguminosae)
皂荚属(*Gleditsia*)

编号为09-060的皂荚位于光山县罗陈乡杨湾村杨墩村民组门口水塘北侧，树龄110年，树高6m，胸围180cm，地围180cm，平均冠幅9m，树干向南倾斜，在2m处分杈，树干基部南侧有中空现象，侧枝发达，长势旺盛。

杨湾皂荚

学名：皂荚(*Gleditsia sinensis* Lam.)
豆科(Leguminosae)
皂荚属(*Gleditsia*)

编号为09-064的皂荚位于光山县罗陈乡周湾村上周村民组门口水塘北侧，树龄150年，树高17m，胸围175cm，地围230cm，平均冠幅13m，树干通直，树干自5m处分杈，两大主枝侧枝发达，形成伞状树冠，长势旺盛。

周湾皂荚

学名： **皂荚**(*Gleditsia sinensis* Lam.)
豆科(Leguminosae)
皂荚属(*Gleditsia*)

编号为09-065的皂荚位于光山县罗陈乡周湾村方湾村民组（北株），树龄150年，树高10m，胸围200cm，地围200cm，平均冠幅7m，树干自2m处分南北两大主枝，南主枝又分两大侧枝，树冠较窄小，长势一般。

周湾皂荚

学名：皂荚(*Gleditsia sinensis* Lam.)
豆科(Leguminosae)
皂荚属(*Gleditsia*)

周湾皂荚

学名： **皂荚**(*Gleditsia sinensis* Lam.)
豆科(Leguminosae)
皂荚属(*Gleditsia*)

编号为09-066的皂荚（雄性），位于光山县罗陈乡周湾村方湾村民组的窑洼处，树龄150年，树高18m，胸围240cm，地围250cm，东西冠幅18m，南北冠幅20m，树干通直，在2m处分三大主枝，侧枝发达，枝桠繁茂，形成伞状树冠，长势旺盛。

青山皂荚

学名： **皂荚**(*Gleditsia sinensis* Lam.)
豆科(Leguminosae)
皂荚属(*Gleditsia*)

编号为09-069的皂荚位于光山县罗陈乡青山村何庄村民组乡村路东侧，树龄110年，树高8m，胸围90cm，地围150cm，平均冠幅7m，树干凸凹不平，多有小树瘤，树干基部东北方向无树皮，树干在3m处分杈，两大主枝形成伞状树冠，树冠窄小紧凑，枝桠茂密，长势旺盛。

陈大院皂荚

学名：皂荚(*Gleditsia sinensis* Lam.)
豆科(Leguminosae)
皂荚属(*Gleditsia*)

编号为12-081的皂荚位于光山县斛山乡陈大院村汤湾村民组北，树龄120年，树高14m，胸围220cm，地围220cm，平均冠幅13m，树干向东南方向倾斜，1.5m处西侧主干有一空洞，长势旺盛。

梅岗皂荚

学名： **皂荚**(*Gleditsia sinensis* Lam.)
豆科(Leguminosae)
皂荚属(*Gleditsia*)

编号为12–083的皂荚位于光山县斛山乡梅岗村梅围孜村民组，树龄150年，树高18m，胸围170cm，地围216cm，平均冠幅16m，树干基部1m上下有许多树瘤，在6m处分杈，两大主枝形成树冠，侧枝发达，长势旺盛。

张中湾皂荚

学名：皂荚(*Gleditsia sinensis* Lam.)
豆科(Leguminosae)
皂荚属(*Gleditsia*)

编号为13-095的皂荚位于光山县殷棚乡张中湾村小彭冲村民组门口塘西南侧，树龄150年，树高13m，胸围270cm，地围320cm，平均冠幅21m，树干在2.5m处分杈，树冠呈手掌（五指张开）状，树根裸露地面40%，长势一般，现砌有石头树盘。

陈畈皂荚

学名：皂荚(*Gleditsia sinensis* Lam.)
豆科(Leguminosae)
皂荚属(*Gleditsia*)

编号为14–125的皂荚位于光山县南向店乡陈畈村冯庄村民组门口水塘北侧，树龄150年，树高16m，胸围205cm，地围250cm，平均冠幅12m，树干在1.8m处分杈，两大主枝形成伞状树冠，南北主枝干状如"Y"形，侧枝发达，长势旺盛。

编号为14–128的皂荚，位于光山县南向店乡金庄村榨畈村民组门前，树龄200年，树高16m，胸围230cm，地围320cm，东西冠幅19m，南北冠幅20m，树干通直，在2m处分杈，三大主枝形成树冠，侧枝发达，树冠庞大，长势旺盛。

金庄皂荚

学名：皂荚(*Gleditsia sinensis* Lam.)
豆科(Leguminosae)
皂荚属(*Gleditsia*)

编号为15-131的皂荚位于光山县晏河乡潘楼村胡楼村民组，树龄200年，树高10m，胸围280cm，地围410cm，平均冠幅13m，树干中空，曾经被火烧过，靠韧皮部生长，树冠呈伞状，长势一般。

潘楼皂荚

学名： **皂荚**(*Gleditsia sinensis* Lam.)
豆科(Leguminosae)
皂荚属(*Gleditsia*)

编号为15-133的皂荚位于光山县晏河乡詹堂村老榨村民组，树龄150年，树高13m，胸围240cm，地围300cm，平均冠幅11m，树干向西北方向倾斜，西北方向侧枝枯死，东南方向侧枝发达，树冠偏东南，长势较差。

詹堂皂荚

学名：皂荚(*Gleditsia sinensis* Lam.)
豆科(Leguminosae)
皂荚属(*Gleditsia*)

编号为15-146的皂荚位于光山县晏河乡熊畈村前熊畈村民组水塘东侧，树龄150年，树高17m，胸围220cm，地围240cm，平均冠幅12m，树干通直，在7m处分杈，三大主枝形成伞状树冠，侧枝发达，长势旺盛。

熊畈皂荚

学名： **皂荚**(*Gleditsia sinensis* Lam.)
豆科(Leguminosae)
皂荚属(*Gleditsia*)

徐湾皂荚

学名：皂荚(*Gleditsia sinensis* Lam.)
豆科(Leguminosae)
皂荚属(*Gleditsia*)

该株皂荚树生长在前往村部的公路边，是该村的“迎客荚”，也是当地群众平时祈福、许愿的“圣地”。古树旁还建了一座小庙。为了保护古树，村民们集资修建了古树四周的铁栅栏，并把古树上的树洞用水泥填实古树，以防雨水、小动物进入损毁。

编号为15-157的皂荚，位于光山县晏河乡徐湾村的乡村路东，树龄200年，树高14m，胸围260cm，地围360cm，东西冠幅18m，南北冠幅17m，树干在2m处分侧枝，侧枝发达，树冠呈伞状，长势旺盛。

编号为15-158的皂荚位于光山县晏河乡徐湾村徐湾村民组一农户房前，树龄300年，树高13m，胸围290cm，地围370cm，平均冠幅12m，树干粗大，树干在4m处分杈，两大主枝形成伞状树冠，树干有些中空，东树干空洞里生长出一株香椿树，长势旺盛。

徐湾皂荚

学名：皂荚(*Gleditsia sinensis* Lam.)
豆科(Leguminosae)
皂荚属(*Gleditsia*)

编号为16-161的皂荚位于光山县泼陂河镇赵畈村谢湾村民组，树龄200年，树高13m，胸围180cm，地围180cm，平均冠幅9m，树干凸凹不平，有3个不同位置不同大小的洞口，树冠层次分明，侧枝发达，长势旺盛。

赵畈皂荚

学名： **皂荚**(*Gleditsia sinensis* Lam.)
豆科(Leguminosae)
皂荚属(*Gleditsia*)

编号为16-165的皂荚位于光山县泼陂河镇徐坪村徐坪村民组，树龄120年，树高9m，胸围170cm，地围270cm，平均冠幅12m，主干西侧自基部至1.5m处树皮开裂严重，根部裸露50%，树冠呈伞状，长势一般。

徐坪皂荚

学名：皂荚(*Gleditsia sinensis* Lam.)
豆科(Leguminosae)
皂荚属(*Gleditsia*)

编号为18-202的皂荚位于光山县凉亭乡光明村罗小湾村民组，树龄200年，树高15m，胸围220cm，地围280cm，平均冠幅10m，根部裸露60%，长势一般。

光明皂荚

学名： **皂荚**(*Gleditsia sinensis* Lam.)
豆科(Leguminosae)
皂荚属(*Gleditsia*)

编号为20-234的皂荚位于光山县净居寺名胜管理区李湾村李湾村民组一民房西侧，树龄150年，树高14m，胸围190cm，地围190cm，平均冠幅10m，树干通直，在2m处分杈，两大主枝形成伞状树冠，侧枝发达，长势旺盛。

李湾皂荚

学名：皂荚(*Gleditsia sinensis* Lam.)
豆科(Leguminosae)
皂荚属(*Gleditsia*)

编号为20-236的皂荚位于光山县净居寺名胜管理区李湾村胡畈村民组水塘埂上，树龄120年，树高13m，胸围120cm，地围200cm，平均冠幅10m，树干通直，在4m处分杈，三大主枝形成伞状树冠，侧枝发达，长势旺盛。

李湾皂荚

学名： **皂荚**(*Gleditsia sinensis* Lam.)
豆科(Leguminosae)
皂荚属(*Gleditsia*)

黄连木

Pistacia chinensis Bunge

别名楷木、红檀树。漆树科黄连木属落叶乔木，高可达20m。干皮暗褐色，鳞片状剥落。偶数羽状复叶互生，小叶5~6对，叶片卵状披针形，长5~8cm，宽1.5~2cm，先端长渐尖，基部偏斜，嫩叶有毛，后脱落。叶全缘。单性异株。雄花腋生，总状花序，紫红色，无花瓣，雄蕊3~5枚，花丝极短。雌花为腋生疏松圆锥花序，淡绿色，花柱3，深裂，柱头扁平。核果球形，径约5mm，熟时紫蓝色。红色核果多为空粒。花期4月，先叶开花。果熟10月。木材坚重，结构匀细，可供建筑、车辆、农具、家具等用。种子含油量约35%，可制肥皂、点灯油、润滑油，亦可食用。树皮、果实可提制栲胶。树皮及叶可入药；根、枝、叶、皮可制农药；鲜叶可提取芳香油。

中国原产，久经栽培。华北地区自黄河以南均有栽培分布，向南可达广东、云南、台湾等地。喜光不耐庇荫。喜温暖湿润气候和深厚肥沃排水良好的沙质壤土。对土壤要求不严，微酸或微碱性土壤均可适应，耐干旱瘠薄，但抗寒力弱。深根性，生长慢，萌芽力强。抗烟尘和有毒气体。

金大湾黄连木

学名：黄连木(*Pistacia chinensis* Bunge)
漆树科(Anacardiaceae)
黄连木属(*Pistacia*)

该树历经两次险情而不死。第一次，是1958年树干被锯开三分之一宽度后而复活；第二次，是20世纪80年代初村民烧纸不慎烧着树干后复活。夏天，每逢雨过天晴，下午16:00~17:00时树冠上方经常出现水气状烟雾，可延续10天左右，甚是奇观。现在本组创业成功人士出资整修了水泥树盘，修建了石桌、石椅供大家茶余饭后来游玩。

编号为01-003的黄连木，位于光山县孙铁铺镇金大湾村敖湾村民组，树龄310年，树高12m，胸围290cm，地围315cm，东西冠幅22m，南北冠幅23m，占地506m²，据传该树冠下可以排列八桌酒席，树干西2m处分两大主枝，树干在2.5m处又分三大主枝，树冠共分三层主枝、五大侧枝，侧枝发达，枝条十分茂密，树冠顶端呈圆弧形蘑菇状，长势旺盛，白天在树下看不到太阳。

屈岗黄连木

学名：黄连木(*Pistacia chinensis* Bunge)
漆树科(Anacardiaceae)
黄连木属(*Pistacia*)

编号为01–004的黄连木位于光山县孙铁铺镇屈岗村黄湾村民组，树龄320年，树高10m，胸围360cm，地围400cm，平均冠幅15m，树干粗大通直，在1.2m处分杈，东侧枝生长旺盛，树冠茂密，长势旺盛。

编号为04-012的黄连木位于光山县北向店乡胡楼村小河北村民组路边，树龄150年，树高9m，胸围340cm，地围380cm，东西冠幅17m，南北冠幅18m，树干在3m处分杈，无主头，主干西北方向树皮开裂，木质部有腐朽现象，树冠呈伞形，长势一般。

胡楼黄连木

学名： **黄连木**(*Pistacia chinensis* Bunge)
漆树科(Anacardiaceae)
黄连木属(*Pistacia*)

大张湾黄连木

学名： **黄连木**(*Pistacia chinensis* Bunge)
漆树科(Anacardiaceae)
黄连木属(*Pistacia*)

编号为05-018的黄连木位于光山县弦山办事处大张湾村徐岗村民组，树龄120年，树高14m，胸围180cm，地围220cm，平均冠幅18m，树干通直，在4m处分杈，两大主枝形成伞状树冠，侧枝发达，长势旺盛。

编号为05-020的黄连木位于光山县弦山办事处大张湾村段岗村民组，树龄120年，树高15m，胸围180cm，地围200cm，平均冠幅13m，树干通直，在6m处分杈，两大主枝形成树冠，呈伞状，侧枝发达，长势旺盛。

大张湾黄连木

学名：黄连木(*Pistacia chinensis* Bunge)
漆树科(Anacardiaceae)
黄连木属(*Pistacia*)

编号为05-022的黄连木位于光山县弦山办事处大张湾村大张湾村民组张智虎房后，树龄200年，树高16m，胸围320cm，地围400cm，东西、南北冠幅均为19m，树干通直，雄伟挺拔，在4m处分杈，树冠庞大，呈典型伞状，侧枝发达，长势旺盛。

大张湾黄连木

学名： **黄连木**(*Pistacia chinensis* Bunge)
漆树科(Anacardiaceae)
黄连木属(*Pistacia*)

庙山黄连木

学名：黄连木(*Pistacia chinensis* Bunge)
漆树科(Anacardiaceae)
黄连木属(*Pistacia*)

编号为08-030的黄连木位于光山县马畈镇庙山村柳洼村民组，树龄110年，树高14m，胸围200cm，地围240cm，东西、南北冠幅均为20m，树干圆润通直，主干在5m处分杈，侧枝发达，形成伞状树冠，长势旺盛。

编号为09-068的黄连木位于光山县罗陈乡陈岗村陈岗村民组乡村路东，树龄200年，树高11m，胸围255cm，地围290cm，东西、南北冠幅均为13m，树干凸凹不平，北侧有枯死干迹，树干在2m处分杈，无明显主头，侧枝发达、茂密，形成伞状树冠，长势旺盛。

陈岗黄连木

学名：黄连木(*Pistacia chinensis* Bunge)
漆树科(Anacardiaceae)
黄连木属(*Pistacia*)

陈大院黄连木

学名：黄连木(*Pistacia chinensis* Bunge)
漆树科(Anacardiaceae)
黄连木属(*Pistacia*)

编号为12-079的黄连木位于光山县斛山乡陈大院村下郑湾村民组一农户房后，树龄120年，树高14m，胸围220cm，地围310cm，平均冠幅18m，树干通直，在2.5m处分杈，四大主枝形成树冠，侧枝发达，形成伞状树冠，长势旺盛。

陈大院黄连木

学名： **黄连木**(*Pistacia chinensis* Bunge)
漆树科(Anacardiaceae)
黄连木属(*Pistacia*)

编号为12-080的黄连木位于光山县斛山乡陈大院村下郑湾村民组坟山上，树龄120年，树高14m，胸围205cm，地围260cm，平均冠幅19m，树干通直，在2m处分杈，两大主枝形成伞状树冠，侧枝发达，长势旺盛，树干基部东南方向寄生一株爬山虎，其枝条顺树干缠绕而上。

范乡黄连木

学名：黄连木(*Pistacia chinensis* Bunge)
漆树科(Anacardiaceae)
黄连木属(*Pistacia*)

编号为12–082的黄连木位于光山县斛山乡范乡村侯湾村民组西头，树龄200年，树高15m，胸围240cm，地围315cm，平均冠幅15m，树干基部西侧1m处有个空洞，东侧1m处有两个树瘤，树干在4m处分杈，侧枝发达，树冠呈伞状，长势旺盛。

张老湾黄连木

学名： **黄连木**(*Pistacia chinensis* Bunge)
漆树科(Anacardiaceae)
黄连木属(*Pistacia*)

编号为12-090的黄连木位于光山县斛山乡张老湾村张老湾村民组，树龄150年，树高20m，胸围235cm，地围270cm，平均冠幅12m，树干通直，在8m处分杈，两大主枝形成伞状树冠，侧枝发达，长势旺盛。

刘岗黄连木

学名：黄连木(*Pistacia chinensis* Bunge)
漆树科(Anacardiaceae)
黄连木属(*Pistacia*)

编号为16-163的黄连木位于光山县泼陂河镇刘岗村孙林村民组，树龄110年，树高9m，胸围145cm，地围170cm，东西冠幅13m，南北冠幅14m，树干呈“C”状，无主头，树冠由5个骨干枝像5个手指张开形成伞状，侧枝发达，长势旺盛。

田湾黄连木

学名：黄连木(*Pistacia chinensis* Bunge)
漆树科(Anacardiaceae)
黄连木属(*Pistacia*)

编号为17-172的黄连木位于光山县砖桥镇田湾村田湾村民组后山坡上，树龄120年，树高8m，胸围240cm，地围350cm，平均冠幅6m，树干粗壮通直，无主头，原主头被风折断，西北方向侧枝发达，代表树高，长势一般。

田湾黄连木

学名：黄连木(*Pistacia chinensis* Bunge)
漆树科(Anacardiaceae)
黄连木属(*Pistacia*)

编号为17–174的黄连木位于光山县砖桥镇田湾村小赵湾村民组，树龄200年，树高16m，胸围260cm，地围300cm，平均冠幅20m，树冠呈典型伞状，侧枝发达，长势旺盛。

田湾黄连木

学名：黄连木(*Pistacia chinensis* Bunge)
漆树科(Anacardiaceae)
黄连木属(*Pistacia*)

编号为17-175的黄连木位于光山县砖桥镇田湾村西李湾村民组，树龄200年，树高14m，胸围180cm，地围280cm，平均冠幅15m，树冠呈伞状，侧枝较发达，长势一般。

田湾黄连木

学名：黄连木(*Pistacia chinensis* Bunge)
漆树科(Anacardiaceae)
黄连木属(*Pistacia*)

编号为17–176的黄连木位于光山县砖桥镇田湾村晏湾村民组水塘西南角，树龄200年，树高12m，胸围190cm，地围300cm，平均冠幅13m，树干通直，在2.5m处分杈，树冠呈伞状，侧枝发达，长势旺盛，但有60%的根部裸露。

田湾黄连木

学名：黄连木(*Pistacia chinensis* Bunge)
漆树科(Anacardiaceae)
黄连木属(*Pistacia*)

编号为17–177的黄连木位于光山县砖桥镇田湾村杨湾村民组乡村路东侧，树龄200年，树高12m，胸围200cm，地围310cm，平均冠幅11m，树干通直，树冠呈伞状，侧枝发达，在树干2m处有一前期枯死枝桩。

陈乡黄连木

学名：黄连木(*Pistacia chinensis* Bunge)
漆树科(Anacardiaceae)
黄连木属(*Pistacia*)

编号为17–182的黄连木位于光山县砖桥镇陈乡村黄畈村民组（即王大湾希望小学西侧），树龄300年，树高12m，胸围230cm，地围460cm，东西冠幅18m，南北冠幅17m，侧枝发达，树冠呈伞状，长势旺盛，有部分根系裸露。

据当地群众讲述，该树在1993年前有3年都没有发新枝，像是休眠一般。1994年4月，王大湾希望小学（有人说此地是九龙朝凤之地）建起后，生龙活虎的小学生多了，人气来了，古树从睡梦中醒来，焕发了青春，展出新枝，吐出新叶，比从前长势更加旺盛。

李岗黄连木

学名： **黄连木**(*Pistacia chinensis* Bunge)
漆树科(Anacardiaceae)
黄连木属(*Pistacia*)

编号为17-187的黄连木位于光山县砖桥镇李岗村魏老榨村民组一农户屋后，树龄300年，树高18m，胸围310cm，地围340cm，东西冠幅17m，南北冠幅21m，树干通直，树冠呈圆弧形伞状，侧枝发达，层次分明，长势旺盛。

马尾松

Pinus massoniana Lamb.

别名松树。松科松属乔木，高达40m。树皮褐色，深裂成不规则状厚块片。小枝红黄或淡黄褐色，无毛；冬芽圆柱形或卵状圆柱形，褐色，先端尖。针叶2针一束，稀3针，长12~20cm，细柔；树脂管6~7个，边生。一年生小球果上部种鳞先端有向上直伸的刺；球果长卵形，长4~7cm，直径2.5~4cm，熟时栗色；种鳞矩圆状倒卵形，鳞盾平，微具横脊，鳞脐微凹，无刺，稀有极短的刺；种子长4~5mm，翅长1.5~2cm。花期4月；球果次年10~11月成熟。

河南主产在大别山、桐柏山和伏牛山南部地区；喜生于阳光充足的山坡、酸性土上。分布于淮河流域和汉水流域以南，西至四川中部、贵州中部及云南东南部。木材供建筑；树干可割取松脂，提炼松香和松节油，供工业和医药用；种子含油约30%，可食用，植株各部均入药，有祛湿通络、活血消肿、止血生肌之效；并可治夜盲等症。干枝是培植茯苓的原料。

锡山马尾松

学名： **马尾松**(*Pinus massoniana* Lamb.)
松科(Pinaceae)
松属(*Pinus*)

编号为08-050的马尾松，位于光山县马畈镇锡山村东洼村民组田埂边，树龄150年，树高8m，胸围195cm，地围210cm，东西冠幅12m，南北冠幅9m，树干通直，树干无主头，顶端生长三大主枝，形成伞状树冠，东侧枝条下垂斜展，长势一般。

张中湾马尾松

学名：马尾松(*Pinus massoniana* Lamb.)
松科(Pinaceae)
松属(*Pinus*)

编号为13–093的马尾松，位于光山县殷棚乡张中湾村张湾（王坟）村民组门口水塘南侧，树龄130年，树高13m，胸围170cm，地围173cm，东西冠幅11m，南北冠幅12m，树干东南侧1~1.5m处有损害，无树皮，树冠状如黄山“迎客松”，长势一般。

五座楼马尾松

学名：马尾松(*Pinus massoniana* Lamb.)
松科(Pinaceae)
松属(*Pinus*)

编号为13-102的马尾松位于光山县殷棚乡五座楼村五座楼村民组对面山脚下，树龄260年，树高28m，胸围217cm，地围262cm，东西冠幅12m，南北冠幅17m，树干粗大，树冠形似黄山“送客松”，朝北侧树枝下垂接地，长势旺盛。

五座楼马尾松

学名：马尾松(*Pinus massoniana* Lamb.)
松科(Pinaceae)
松属(*Pinus*)

编号为13–106的马尾松位于光山县殷棚乡五座楼村狗头寨林场（东株），树龄120年，树高25m，胸围135cm，地围184cm，平均冠幅8m，树干通直，树冠紧凑，枝桠较少，树冠呈伞状，长势一般。

五座楼马尾松

学名：马尾松(*Pinus massoniana* Lamb.)
松科(Pinaceae)
松属(*Pinus*)

编号为13–107的马尾松位于光山县殷棚乡五座楼村狗头寨林场（西株），树龄120年，树高25m，胸围135cm，地围155cm，平均冠幅8m，树干通直，树冠紧凑，枝桠较少，长势一般。

许洼马尾松

学名：马尾松(*Pinus massoniana* Lamb.)
松科(Pinaceae)
松属(*Pinus*)

编号为15-140的马尾松位于光山县晏河乡许洼村杨洼村民组对面山上，树龄110年，树高16m，胸围127cm，地围180cm，平均冠幅4m，树干通直，在14m处分杈，树冠窄小，仅有2~3轮侧枝，长势一般。

胡楼马尾松

学名：马尾松(*Pinus massoniana* Lamb.)
松科(Pinaceae)
松属(*Pinus*)

编号为20-228的马尾松，位于光山县净居寺名胜管理区胡楼村冯庄村民组夏娃坟山上，树龄200年，树高14m，胸围208cm，地围210cm，东西冠幅6m，南北冠幅10m，树干通直，在4m处分杈，两大主枝形成树冠；东主枝树冠侧枝发达，形成主冠，西主枝被树西侧一株檀树遮住阳光而树冠窄小。

胡楼马尾松

学名：马尾松(*Pinus massoniana* Lamb.)
松科(Pinaceae)
松属(*Pinus*)

编号为20-231的马尾松，位于光山县净居寺名胜管理区胡楼村张南洼村民组茶山上，树龄150年，树高13m，胸围170cm，地围200cm，东西冠幅14m，南北冠幅15m，树干通直，在6m处分杈，树冠呈典型伞状，层次分明，侧枝发达，长势旺盛。

编号为20-232的马尾松，位于光山县净居寺名胜管理区杨帆村的苏山口水库坝西南角，树龄200年，树高14m，胸围200cm，地围240cm，平均冠幅9m，树干通直，树冠稀疏，东南枝斜展状如“招手迎客”，侧枝不发达，长势一般。

杨帆马尾松

学名：马尾松(*Pinus massoniana* Lamb.)
松科(Pinaceae)
松属(*Pinus*)

水库坝上一块石碑上刻有“慧初法师圆寂之处”和“大清光绪二十年立碑”之碑文。

桂 花

Osmanthus fragrans (Thunb.) Lour.

桂花学名木犀，是木犀科木犀属常绿小乔木。叶革质，椭圆形至椭圆状披针形，花序簇生于叶腋，花冠白色，极芳香。核果椭圆形，熟时紫黑色，花期9~10月，常因花色又分为丹桂（花橙黄色）、银桂（花淡黄白色）、金桂（花黄色）三大类。花作香料，并可入药，又为蜜源。

桂花主产我国西南部，淮河流域至黄河下游以南各地普遍栽植，多以盆栽为主。喜光、喜温暖和通风良好的环境，不耐寒；适生土层深厚、排水良好、富含腐殖质的偏酸性沙质土壤，忌碱地和积水。

桂花是崇高、贞洁、荣誉、友好和吉祥的象征，是我国十大传统名花之一。

青龙桂花

学名：桂花(*Osmanthus fragrans* (Thunb.) Lour.)
木犀科(Oleaceae)
木犀属(*Osmanthus*)

编号为13–101的桂花，位于光山县殷棚乡青龙村王湾村民组水库边的王姓坟山上，树龄200年，树高7m，地围160cm（数株丛状生长），平均冠幅8m，长势旺盛。

闵冲村魏冲组位于南向店乡正南方，王母观山麓下，是一个典型的山区小山村，三面环山，一面朝冲田，树木葱郁，树种丰富，朝听鸟儿鸣，夜听溪水声，在这青山绿水中静静生长着两株百年姐妹桂花树。

姐妹桂花是魏姓祖先从江西迁到光山时带来的，距今已有200余年，桂花树阴历八月份开花，全村都可以闻到桂花香。

2006年春，南京来两个商人愿出50万元买走桂花“姐妹”，当地村民不同意，商人不解地问：“你们这里又不富裕，50万元不少呀”？村民回答道：“桂花树是老祖先留下来的精神财富，是我们家族延续的见证，是有灵气的古树，我们不能贪财而出卖祖先啊”！

闵冲桂花

学名：桂花(*Osmanthus fragrans* (Thunb.) Lour.)
木犀科(Oleaceae)
木犀属(*Osmanthus*)

编号为14–117的桂花（妹妹树），位于光山县南向店乡闵冲村魏冲村民组，树龄 200年，树高8m，胸围155cm，地围200cm，平均冠幅11m，树干圆润通直，在2m处分杈，两大主枝形成树冠。侧枝发达，树冠呈圆弧形伞状，长势旺盛。

闵冲桂花

学名：桂花(*Osmanthus fragrans* (Thunb.) Lour.)
木犀科(Oleaceae)
木犀属(*Osmanthus*)

编号为14–118的桂花（姐姐树），位于光山县南向店乡闵冲村魏冲村民组，树龄200年，树高8m，胸围185cm，地围185cm，平均冠幅11m，树干圆润通直，在1m处分杈，三大主枝形成树冠，侧枝发达，树冠呈圆弧形伞状，长势旺盛。花期在农历八月份。

徐湾桂花

学名：桂花(*Osmanthus fragrans* (Thunb.) Lour.)
木犀科(Oleaceae)
木犀属(*Osmanthus*)

编号为15−155的桂花，位于光山县晏河乡徐湾村土坯楼村民组坟山东坡上，树龄110年，树高8m，胸围100cm，地围120cm，东西、南北冠幅均为8m，树干圆润通直，无主头，树干在2m处分杈，四大主枝形成半圆球状（蘑菇状）树冠，侧枝发达，长势旺盛。该桂花为金桂，农历八月份开黄花，芳香四溢。

编号为15−154的桂花，位于光山县晏河乡徐湾村祝冲村民组西南侧300m处的山岗南坡上，树龄200年，树高8m，胸围140cm，地围200cm，东西、南北冠幅均为9m，树干在1m处分杈，无主头，两大主枝各自生枝繁叶，共同形成圆弧形伞状树冠，对称饱满，侧枝发达，长势旺盛。

光山桂花王

学名：桂花(*Osmanthus fragrans* (Thunb.) Lour.)
木犀科(Oleaceae)
木犀属(*Osmanthus*)

编号为15-159的桂花，位于光山县晏河乡徐湾村徐湾村民组竹林中，树龄200年，树高10m，胸围150cm，地围180cm，平均冠幅10m。该古树无病虫害，树体完整，枝繁叶茂，枝叶婆娑，终年常绿，长势旺盛；树干景观别致，在2m处分杈，三大主枝形成圆弧形树冠，远观古桂圆满的树冠形似一把巨伞，极为壮观，部分树根裸露盘结匍匐，显示出根的自然美，整株古树犹如一天然盆景精品。

该桂花古树现生存环境优良，生长在海拔200m的山坡下部，坡向西北、坡度10°，土壤为黄棕壤、肥沃，水分条件好。

古树生长在村庄南山，背倚山体，顺大自然之灵气，使村庄风调雨顺，人杰地灵，因而村民将该古桂花树看做是“风水树”，倍加爱护。

由于该古桂花树具有很高的观赏性，其所在地山环水绕，田园风光优美，加之该古桂花树距离净居寺旅游区不到5km，因此，具有一定的旅游价值。

该古树现由晏河乡徐湾村徐湾村民组集体管护，现状良好。

枫香

Liquidambar formosana Hance

别名枫树、三角枫。金缕梅科枫香属落叶乔木，高达40m。小枝有柔毛。叶轮廓宽卵形，长6~12cm，掌状3裂，边缘有锯齿，下面有柔毛或变无毛，掌状脉3~5条；叶柄长达11cm；托叶红色，条形，长1~1.4cm，早落。花单性；头状果序圆球形，直径2.5~4.5cm，宿存花柱和萼齿针刺状，成熟时顶端开裂。种子1~2粒，扁平有翅。花期4~6月，果期10月。

枫香材质硬，纹理直，红褐或白色，可供桥梁、房屋建筑、家具、细木工等用。产我国秦岭及淮河以南。越南北部，老挝及朝鲜南部也有分布。

编号为08-032的枫香位于光山县马畈镇庙山村叶洼村民组门口水塘东南角，树龄120年，树高24m，胸围310cm，地围380cm，东西、南北冠幅均为13m，树干通直，粗大挺拔，主干在6m处分杈，侧枝发达，层次分明，树冠呈伞状，长势旺盛。

庙山枫香

学名：枫香(*Liquidambar formosana* Hance)
金缕梅科(Hamamelidaceae)
枫香属(*Liquidambar*)

编号为13-096的枫香位于光山县殷棚乡凉亭村罗湾村民组一村民房前，树龄150年，树高27m，胸围230cm，地围255cm，东西冠幅13m，南北冠幅14m，树干通直，树干北部有一修枝痕，树冠紧凑、茂密，侧枝发达，层次分明，树冠形如伞状，长势旺盛。

凉亭枫香

学名：枫香(*Liquidambar formosana* Hance)
金缕梅科(Hamamelidaceae)
枫香属(*Liquidambar*)

五座楼枫香

学名：枫香(*Liquidambar formosana* Hance)
金缕梅科(Hamamelidaceae)
枫香属(*Liquidambar*)

编号为13-105的枫香位于光山县殷棚乡五座楼村方洼村民组门口塘的北埂上，树龄150年，树高18m，胸围235cm，地围315cm，东西冠幅14m，南北冠幅16m，树干通直，侧枝发达，树冠形如伞状，长势旺盛。

据五座楼村村里人讲述，过去修建水塘时，树干被埋土中2m多，夏天在树下乘凉无蚊子。以前方洼组有4棵大树，其中2棵红檀、2棵枫香，1958年大炼钢铁时，砍伐3棵，现仅存此株。

大山枫香

学名：枫香(*Liquidambar formosana* Hance)
金缕梅科(Hamamelidaceae)
枫香属(*Liquidambar*)

编号为18–206的枫香位于光山县凉亭乡大山村佰冲村民组的凉（亭）白（雀）公路南侧，树龄110年，树高16m，胸围215cm，地围270cm，东西冠幅18m，南北冠幅17m，主干在3m处分杈，四大主枝齐头并进向上生长形成伞状树冠，树干通直，雄浑挺拔，长势旺盛。该树产权属村民组集体所有，并为国家一类森林资源清查样点标志树。

鸡冠枫香

学名：枫香(*Liquidambar formosana* Hance)
金缕梅科(Hamamelidaceae)
枫香属(*Liquidambar*)

编号为19-207的枫香位于光山县白雀园镇鸡冠村庙湾村民组塘埂上，树龄120年，树高18m，胸围209cm，地围200cm，平均冠幅17m，树干在1.3m处有修枝伤口三处，树干通直，长势旺盛。

枫杨

Pterocarya stenoptera C.DC.

别名枫柳、蜈蚣柳。胡桃科枫杨属落叶乔木，高达30m。树皮褐灰色，浅纵裂。幼枝及叶柄常具细毛。冬芽裸露，暗褐色。复叶长达40cm，顶生小叶有时不存在，叶轴有狭翅，翅有时具锯齿；小叶长圆形至长圆状披针形，先端钝或短尖，基部偏斜，边缘有细锯齿，背面沿脉有褐色细毛。雄花序侧生于上年枝上，雌花序生于当年生枝端。花期4月，果熟期8~9月。

产河南各山区；平原有栽培；多生于山沟溪旁、河滩低湿等地方。我国分布于东北、华北、中南和西南各地。树皮与根皮入药，能祛风除湿，解毒杀虫，主治慢性风湿疼痛、疮疡疥癣、痔疮等症。树皮纤维可制绳索和人造棉；并含鞣质6.18%，可提制栲胶。种子含油量28.83%，供制肥皂及作润滑油；叶含水杨酸，可制农药及绿肥。木材供建筑、家具等用；本种耐水湿，可作河滩护岸造林树种。

庙山枫杨

学名：枫杨(*Pterocarya stenoptera* C.DC.)
胡桃科(Juglandaceae)
枫杨属(*Pterocarya*)

编号为08-031的枫杨位于光山县马畈镇庙山村殷楼村民组门口水塘北角，树龄200年，树高8m，胸围410cm，地围810cm，平均冠幅19m；树干中空、无主头，东侧枝转变为优势枝形成树冠，侧枝发达，树根裸露50%，整个树势生长一般。

花山枫杨

学名： **枫杨**(*Pterocarya stenoptera* C.DC.)
胡桃科(Juglandaceae)
枫杨属(*Pterocarya*)

编号为10-071的枫杨位于光山县文殊乡花山村滕兴湾村民组，树龄200年，树高13m，胸围230cm，地围340cm，东西冠幅14m，南北冠幅16m，树冠呈伞状，侧枝发达，长势旺盛。

环山枫杨

学名： **枫杨**(*Pterocarya stenoptera* C.DC.)
胡桃科(Juglandaceae)
枫杨属(*Pterocarya*)

编号为14–109的枫杨位于光山县南向店乡环山村竹林湾村民组，树龄200年，树高18m，胸围360cm，地围570cm，东西、南北冠幅均为20m，树干基部膨大，在3.5m处分杈，两大主枝形成树冠，侧枝发达，树冠呈伞状，长势旺盛。

编号为16-170的枫杨位于光山县泼陂河镇东岳寺林场，树龄110年，树高30m，胸围325cm，地围400cm，东西、南北冠幅均为27m，占地面积729m²（约1.09亩），树干粗大，在10m处分杈，三大主枝形成伞状树冠，侧枝发达，长势旺盛。

东岳寺枫杨

学名： **枫杨**(*Pterocarya stenoptera* C.DC.)
胡桃科(Juglandaceae)
枫杨属(*Pterocarya*)

前进枫杨

学名： **枫杨**(*Pterocarya stenoptera* C.DC.)
胡桃科(Juglandaceae)
枫杨属(*Pterocarya*)

编号为18-190的枫杨位于光山县凉亭乡前进村毕庄村民组门口大水塘埂上，树龄150年，树高13m，胸围230cm，地围250cm，平均冠幅12m，树干1.5m处向南有一突出树瘤，树干30cm处有一空洞，长势一般。

杨河枫杨

学名： **枫杨**(*Pterocarya stenoptera* C.DC.)
胡桃科(Juglandaceae)
枫杨属(*Pterocarya*)

编号为18-191的枫杨位于光山县凉亭乡杨河村小骆湾村民组，树龄120年，树高18m，胸围260cm，地围290cm，平均冠幅18m，树体高大，侧枝发达，长势旺盛。

杨河枫杨

学名： **枫杨**(*Pterocarya stenoptera* C.DC.)
胡桃科(Juglandaceae)
枫杨属(*Pterocarya*)

编号为18–192的枫杨位于光山县凉亭乡杨河村小骆湾村民组，树龄150年，树高25m，胸围295cm，地围365cm，东西冠幅28m，南北冠幅36m，树干粗壮坚实，树体挺拔，树冠庞大，侧枝发达，冠如华盖，占地面积1008㎡（近1.5亩），长势旺盛。

杨河枫杨

学名： **枫杨**(*Pterocarya stenoptera* C.DC.)
胡桃科(Juglandaceae)
枫杨属(*Pterocarya*)

编号为18-193的枫杨位于光山县凉亭乡杨河村下刘湾村民组一村民房前，树龄110年，树高22m，胸围215cm，地围235cm，东西冠幅22m，南北冠幅21m，树干通直，树体高大，侧枝发达，树冠庞大，层次分明，形状如伞，长势旺盛。

编号为18-197的枫杨位于光山县凉亭乡杨河村马庄村民组乡村公路南侧，树龄120年，树高13m，胸围360cm，地围400cm，平均冠幅13m，树冠呈伞状，侧枝发达，长势旺盛。

杨河枫杨

学名： **枫杨**(*Pterocarya stenoptera* C.DC.)
胡桃科(Juglandaceae)
枫杨属(*Pterocarya*)

报安枫杨

学名：枫杨(*Pterocarya stenoptera* C.DC.)
胡桃科(Juglandaceae)
枫杨属(*Pterocarya*)

编号为18–205的枫杨位于光山县凉亭乡报安村熊湾村民组水塘边，树龄200年，树高12m，胸围280cm，地围350cm，平均冠幅12m，向西北方向倾斜，树干基部东南侧有腐朽现象，长势一般。

编号为19-216的枫杨位于光山县白雀园镇土庙村吴石咀村民组，该组生长着两株有着250年树龄的大枫杨树。此为东株，树高20m，胸围380cm，地围560cm，东西冠幅24m，南北冠幅20m，树干在3m处分杈，三大主枝形成树冠，层次分明，树干上瘤起突出，长势一般。

土庙枫杨

学名：枫杨(*Pterocarya stenoptera* C.DC.)
胡桃科(Juglandaceae)
枫杨属(*Pterocarya*)

土庙枫杨

学名：枫杨(*Pterocarya stenoptera* C.DC.)
胡桃科(Juglandaceae)
枫杨属(*Pterocarya*)

编号为19–217的枫杨位于光山县白雀园镇土庙村吴石咀村民组，此为西株，树高19m，胸围340cm，地围430cm，东西冠幅21m，南北冠幅23m，树干在2.5m处分杈，两大主枝平分秋色形成树冠，无主头，树枝顶梢均有枯死状，不如东株旺盛，长势一般。

麻栎

Quercus acutissima Carruth

别名橡子树。壳斗科栎属落叶乔木，高达20m。树皮暗灰色，粗糙，纵裂。小枝黄褐色。叶卵状披针形，长9~16cm，宽2~5cm，先端渐尖，基部圆形或宽楔形，边缘有刺芒状尖锯齿，侧脉12~16对，上面绿色，无毛，下面初被灰色短毛，后脱落；叶柄长2~3cm，具细毛。壳斗碗形，鳞片锥形，反曲，有毛；坚果卵状矩圆柱形，一半以上包于壳斗中。花期4~5月，果期翌年10月。产我国太行山、伏牛山、大别山和桐柏山区；生于海拔1000m以下的山坡或山沟。

分布于华北、华东、中南及辽宁、陕西、甘肃、四川、云南、贵州等地。种子含淀粉50.4%，可提取供浆纱或酿酒原料，此外含脂肪油约5%，可供制肥皂。树皮含鞣质7.17%~16%，壳斗含鞣质19.55%~29.21%，可提制栲胶。叶可饲养柞蚕。木材淡黄色，质地坚硬，能耐久，可供建筑、舟车、家具、枕木等用。树皮入药，主治细菌性痢疾。

胡楼麻栎

学名： **麻栎**(*Quercus acutissima* Carruth)
壳斗科(Fagaceae)
栎属(*Quercus*)

编号为04-013的麻栎位于光山县北向店乡胡楼村徐楼村民组地边，树龄110年，树高17m，胸围220cm，地围250cm，东西、南北冠幅均为20m，树干通直，在5.5m处分杈，四大主枝形成伞状树冠，侧枝发达，长势旺盛。

大李湾麻栎

学名：麻栎(*Quercus acutissima* Carruth)
壳斗科(Fagaceae)
栎属(*Quercus*)

编号为04–017的麻栎位于光山县北向店乡大李湾村范水口村民组后坟山上，树龄200年，树高11m，胸围290cm，地围350cm，平均冠幅15m，树干在3m处分东西两大主枝，树干无主头，整个树型呈“Y”形较对称，长势旺盛。

梅岗麻栎

学名：麻栎(*Quercus acutissima* Carruth)
壳斗科(Fagaceae)
栎属(*Quercus*)

编号为12–085的麻栎位于光山县斛山乡梅岗村邱湾村民组稻场边，树龄150年，树高20m，胸围225cm，地围350cm，东西冠幅16m，南北冠幅15m，树干通直，在8m处分杈，侧枝发达，形成伞状树冠，长势旺盛。

编号为12-086的麻栎位于光山县斛山乡梅岗村邱湾村民组水田埂上，树龄110年，树高18m，胸围195cm，地围240cm，东西冠幅13m，南北冠幅15m，树干通直，树冠层次分明，侧枝发达，长势旺盛。

梅岗麻栎

学名：麻栎(*Quercus acutissima* Carruth)
壳斗科(Fagaceae)
栎属(*Quercus*)

梅岗麻栎

学名： **麻栎**(*Quercus acutissima* Carruth)
壳斗科(Fagaceae)
栎属(*Quercus*)

编号为12-087的麻栎位于光山县斛山乡梅岗村陈小湾村民组陈姓坟山上（南株），树龄110年，树高16m，胸围185cm，地围260cm，平均冠幅19m，树干通直，在5m处分杈，三大主枝形成伞状树冠，侧枝发达，长势旺盛。

梅岗麻栎

学名：麻栎(*Quercus acutissima* Carruth)
壳斗科(Fagaceae)
栎属(*Quercus*)

编号为12-088 的麻栎位于光山县斛山乡梅岗村陈小湾村民组陈姓坟山上（北株），树龄110年，树高16m，胸围180cm，地围225cm，平均冠幅17m，树干通直，在5m处分杈，多个主枝形成伞状树冠，侧枝发达，长势旺盛。

张老湾麻栎

学名： **麻栎**(*Quercus acutissima* Carruth)
壳斗科(Fagaceae)
栎属(*Quercus*)

编号为12-091的麻栎位于光山县斛山乡张老湾村张老湾村民组，树龄110年，树高18m，胸围190cm，地围260cm，平均冠幅14m，树干通直，在9m处分杈，四大主枝形成伞状树冠，侧枝发达，长势旺盛。

徐湾麻栎

学名：麻栎(*Quercus acutissima* Carruth)
壳斗科(Fagaceae)
栎属(*Quercus*)

编号为15-152的麻栎位于光山县晏河乡徐湾村祝冲村民组祝永庆祖坟上，树龄110年，树高15m，胸围210cm，地围220cm，东西、南北冠幅均为20m，树干粗壮通直，在5m处分杈，两大主枝形成伞状树冠，侧枝发达，长势旺盛。为了很好地保护古树，祝家已经给该古树垒砌了石头树盘。

报安麻栎

学名： **麻栎**(*Quercus acutissima* Carruth)
壳斗科(Fagaceae)
栎属(*Quercus*)

编号为18-204的麻栎位于光山县凉亭乡报安村胡湾村民组，树龄150年，树高11m，胸围195cm，地围280cm，平均冠幅20m，树冠层次分明，树干通直，侧枝发达，长势旺盛。

胡楼麻栎

学名： **麻栎**(*Quercus acutissima* Carruth)
壳斗科(Fagaceae)
栎属(*Quercus*)

编号为20-227的麻栎位于光山县净居寺名胜管理区胡楼村夏榨村民组夏娃坟山上，树龄120年，树高18m，胸围256cm，地围266cm，平均冠幅16m，树干粗壮挺拔，在2.5m处分杈，两大主枝形成伞状树冠，树干从分杈处裂开，现用铁丝捆绑逐渐愈合，长势旺盛。

冯河麻栎

学名：麻栎(*Quercus acutissima* Carruth)
壳斗科(Fagaceae)
栎属(*Quercus*)

编号为21-237的麻栎位于光山县槐店乡冯河村冯前村民组，树龄120年，树高20m，胸围230cm，地围240cm，东西冠幅20m，南北冠幅22m，树干通直，在1.8m处分杈，四大主枝支撑着庞大的伞状树冠，层次分明，侧枝发达，主枝顶端优势明显，长势旺盛。

腺 柳

Salix chaenomeloides Kimura

别名红柳。杨柳科柳属落叶乔木。小枝红褐色或褐色，无毛，有光泽。叶椭圆形、卵圆形至椭圆状披针形，长4~8cm，先端锐尖或急尖，基部楔形，稀近圆形，边缘有腺锯齿，两面光滑，表面绿色，背面灰白色；叶柄长5~12mm，幼时被短绒毛，老时变光滑，顶端有腺体；托叶2个，半圆形或长圆形，边缘有腺齿，早落。雄花序长4~5cm，总花梗和花序轴具柔毛；雌花序下垂，长圆柱形，长4~5.5cm，总花梗长达20mm，花序轴被绒毛。蒴果卵形。花期3~4月；果熟期4~5月。

产河南太行山、伏牛山、大别山和桐柏山区；生于山沟河旁。我国分布于河北、山东、山西、安徽、江苏、浙江、湖北等地。日本及朝鲜也产。木材供制家具、器具；树皮含鞣质，可提制栲胶；纤维供纺织及做绳索。枝条供编织，又为蜜源植物。

代洼腺柳

学名： **腺柳**(*Salix chaenomeloides* Kimura)
杨柳科(Salicaceae)
柳属(*Salix*)

编号为08–035的腺柳位于光山县马畈镇代洼村林洼村民组水井旁，树龄150年，树高11m，胸围300cm，地围320cm，平均冠幅13m，树干粗壮，主干在2m处分杈，无明显主头，主干略呈逆时针旋转，枝繁叶茂，长势旺盛。

柳林腺柳

学名： **腺柳**(*Salix chaenomeloides* Kimura)
杨柳科(Salicaceae)
柳属(*Salix*)

编号为08-038的腺柳位于光山县马畈镇柳林村彭洼村民组水田边，树龄约200年，树高12m，胸围310cm，地围340cm，平均冠幅17m，主干中空，向东南方向倾斜（砌有石头墙支撑），侧枝发达，形成伞状树冠，长势旺盛。

坪塘腺柳

学名： **腺柳**(*Salix chaenomeloides* Kimura)
杨柳科(Salicaceae)
柳属(*Salix*)

编号为09-062的腺柳位于光山县罗陈乡坪塘村秧湾村民组水田边，树龄110年，树高6m，胸围220cm，地围225cm，平均冠幅10m，树干自1.5m处向东北倾斜到3m处分两大主枝，无主头，两大主枝各自形成树冠，树梢有枯死状，生长一般。

陈畈腺柳

学名： **腺柳**(*Salix chaenomeloides* Kimura)
杨柳科(Salicaceae)
柳属(*Salix*)

编号为14–126的腺柳位于光山县南向店乡陈畈村杨冲村民组，树龄150年，树高6m，胸围220cm，地围200cm，平均冠幅12m，树干1m处主干炸开有空洞朝上，无主头，东侧无侧枝，南、北、西侧枝发达，形成伞状树冠，长势一般。

金庄腺柳

学名：腺柳(*Salix chaenomeloides* Kimura)
杨柳科(Salicaceae)
柳属(*Salix*)

编号为14–127的腺柳位于光山县南向店乡金庄村榨畈村民组门口水塘边上，树龄200年，树身卧俯在地，像卧狮，又像带角的驯鹿。树高12m，胸围330cm，东西冠幅13m，南北冠幅14m，树根连着树干卧俯地上，树干1.5m处分四大侧枝形成树冠，侧枝发达，长势旺盛。

曾围孜腺柳

学名： **腺柳**(*Salix chaenomeloides* Kimura)
杨柳科(Salicaceae)
柳属(*Salix*)

编号为16-166的腺柳位于光山县泼陂河镇曾围孜村胡老洼村民组，树龄200年，树高12m，胸围220cm，地围250cm，平均冠幅14m，树干在3m处分杈，两大主枝形成树冠，侧枝发达，长势旺盛。

胭脂洼腺柳

学名：腺柳(*Salix chaenomeloides* Kimura)
杨柳科(Salicaceae)
柳属(*Salix*)

编号为18-200的腺柳位于光山县凉亭乡胭脂洼村何洼村民组的泼凉公路南水塘中央，树龄150年，树高10m，胸围250cm，地围280cm，平均冠幅9m，树冠呈圆弧形伞状，枝条下垂环绕接地，树干在3m处分主枝，侧枝发达，长势旺盛，枝繁叶茂，几乎看不到树干，四周用石头砌成保护盘，俨然像一块热带雨林，具独木成林景观。

李湾腺柳

学名：腺柳(*Salix chaenomeloides* Kimura)
杨柳科(Salicaceae)
柳属(*Salix*)

编号为20-235的腺柳位于光山县净居寺名胜管理区李湾村易洼村民组水塘边，树龄110年，树高12m，胸围170cm，地围180cm，平均冠幅12m，树干通直，在6m处分杈，形成伞状树冠，侧枝发达，长势旺盛。

杜 梨

Pyrus betulaefolia Bunge

别名棠梨树。蔷薇科梨属落叶乔木，高达10m。枝常具刺，小枝老时无毛或具稀疏毛，紫褐色。叶菱状卵形至矩圆形，长4~8cm，宽2.5~3.5cm，先端渐尖，基部宽楔形，稀近圆形，边缘有粗锯齿，无芒，上面老时无毛，下面微被绒毛；叶柄长2~3cm，有白色绒毛。伞形总状花序，有花10~15朵；总花梗及花梗均被白色绒毛；花瓣白色；花柱2~3。果实近球形，小型，直径5~10mm，褐色，有淡色斑点，萼片脱落。花期4月，果期8~9月。果实小，品质不佳，通常作各种栽培梨的砧木。

我国产东北南部、内蒙古、黄河流域至长江流域各地。

金大湾杜梨

学名： 杜梨(*Pyrus betulaefolia* Bunge)
蔷薇科(Rosaceae)
梨属(*Pyrus*)

编号为01-002的杜梨位于光山县孙铁铺镇金大湾村敖湾村民组敖姓坟前，树龄200年，树高8m，胸围180cm，地围220cm，东西冠幅14m，南北冠幅15m，树干通直，在2.5m处分杈，三大主枝形成伞状树冠，侧枝发达，长势旺盛。

编号为02–007的杜梨位于光山县寨河镇王畈村杨湾村民组的西北岗上，树龄120年，树高11m，胸围200cm，地围250cm，东西冠幅9m，南北冠幅10m，从4m处分两大主枝，树冠圆满，呈典型伞状，侧枝发达，长势旺盛。该树属村民组集体所有，与村东一株百年乌桕树遥相呼应。

王畈杜梨

学名：杜梨(*Pyrus betulaefolia* Bunge)
蔷薇科(Rosaceae)
梨属(*Pyrus*)

大张湾杜梨

学名：杜梨(*Pyrus betulaefolia* Bunge)
蔷薇科(Rosaceae)
梨属(*Pyrus*)

编号为05-021的杜梨位于光山县弦山办事处大张湾村孙湾村民组一农户房前，树龄110年，树高12m，胸围160cm，地围220cm，东西、南北冠幅均为11m，树干在4m处分杈，树冠呈典型伞状，层次分明，侧枝发达，长势旺盛。

周湾杜梨

学名： **杜梨**(*Pyrus betulaefolia* Bunge)
蔷薇科(Rosaceae)
梨属(*Pyrus*)

编号为09-067的杜梨位于光山县罗陈乡周湾村方湾村民组，树龄150年，树高15m，胸围210cm，地围195cm，平均冠幅15m，树干自基部分两株，在2m处合连后又分开各自生长，共同形成伞状树冠，侧枝发达，枝桠茂密，长势旺盛。

金庄杜梨

学名： **杜梨**(*Pyrus betulaefolia* Bunge)
蔷薇科(Rosaceae)
梨属(*Pyrus*)

编号为14–130的杜梨位于光山县南向店乡金庄村何洼村民组古庙北，树龄120年，树高12m，胸围160cm，地围195cm，平均冠幅13m，树干通直，在2m处分杈，树冠庞大，侧枝发达，层次分明，最低轮侧枝下垂接地，树冠呈圆弧形伞状，长势旺盛。

木瓜

Chaenomeles sinensis (Thouin) Koehne

别名木梨。蔷薇科木瓜属小乔木，高5~10m，小枝无刺，紫红色，无毛，叶基部楔形，边缘有刺芒状尖锐锯齿，齿尖有腺，上面光滑，下面有绒毛；花瓣淡红色，果实长椭圆形，暗黄色，木质，有芳香，果梗短；一般花期4月，果期9~10月。喜光，主侧根发达，适宜在温暖湿润的土壤里生长，常见于路旁、村落旁，由于果富含苹果酸、维生素C等，泡酒治风湿性关节痛有奇效；种子可榨油；木材致密、有光泽，可制各种工艺品；树形优美，是集观叶、观花、观果为一身的园林绿化新型树种。

我国产东部及中南部。

周湾木瓜

学名： **木瓜**(*Chaenomeles sinensis* (Thouin) Koehne)
蔷薇科(Rosaceae)
木瓜属(*Chaenomeles*)

编号为09-063的木瓜树位于光山县罗陈乡周湾村上周村民组西水田边，树龄110年，树高6m，胸围110cm，地围160cm，平均冠幅7m，树干高1m，无主头，树冠呈丛枝状，侧枝发达，长势旺盛。

徐湾木瓜

学名：木瓜(*Chaenomeles sinensis* (Thouin) Koehne)
蔷薇科(Rosaceae)
木瓜属(*Chaenomeles*)

编号为15-160的木瓜位于光山县晏河乡徐湾村徐湾村民组竹林中，树龄120年，树高11m，胸围140cm，地围170cm，平均冠幅6m，树干基部40~100cm处呈中空状，树干在1.5m处分杈，两大主枝平行生长，枝条像“龙”状互相缠绕，盘旋向上，树冠侧枝发达，长势旺盛，处在盛果期。

乌 柏

Sapium sebiferum (Linn.) Roxb.

别名蜡子树、木油树，又俗称“木梓树”。大戟科乌桕属落叶乔木，高达15m。叶菱形或宽菱状卵形，纸质，长和宽约3~9cm；叶柄细长，长2.5~6cm，顶端有2腺体。花单性，雌雄同株，无花瓣及花盘；蒴果梨状球形，直径1~1.5cm；种子近圆形，黑色，外被白蜡层。花期4~5月，果期10~11月。

种子的蜡层是制蜡烛及肥皂的原料；种子榨油可制油漆等。根皮及叶入药，有消肿解毒、利尿泻下、杀虫之效。为重要的木本油料树，秋末叶片变红、果变白，常作行道树或观赏树栽培。

主要分布在我国秦岭、淮河流域以南，东至台湾，南至海南岛，西至四川中部海拔1000m以下，西南至贵州、云南等地海拔2000m以下。

编号为02-006的乌桕位于光山县寨河镇王畈村杨湾村民组东稻场，树龄120年，树高16m，胸围190cm，地围240cm，平均冠幅17m，此树从5m处分杈，两大主枝形成伞状树冠，形似华盖，树势挺拔，侧枝发达，长势旺盛。该树属集体所有，与村西头一株百年棠梨子树遥相呼应。

王畈乌桕

学名：乌桕(*Sapium sebiferum* (Linn.) Roxb.)
大戟科(Euphorbiaceae)
乌桕属(*Sapium*)

李长店乌桕

学名：乌桕(*Sapium sebiferum* (Linn.) Roxb.)
大戟科(Euphorbiaceae)
乌桕属(*Sapium*)

编号为17–186的乌桕位于光山县砖桥镇李长店村李西村民组黄仙庙院内，树龄120年，树高10m，胸围140cm，地围180cm，平均冠幅11m，树干在3m处分杈，三大主枝形成树冠，树冠约呈伞状，西侧枝梢有枯死现象，南侧树干50cm处有一明显凹陷，长势一般。

山楂

Crataegus pinnatifida Bge.

别名楂子树。蔷薇科山楂属落叶乔木，高达6m。有刺，小枝紫褐色，老枝灰褐色。叶宽卵形或三角状卵形，长6~10cm，宽4~7.5cm，先端渐尖，基部截形或宽楔形，通常有3~5对羽状深裂片，裂片卵形至卵状披针形，边缘有稀疏不规则的重锯齿，上面无毛，下面沿中脉和脉腋处有毛；叶柄长2~6cm，有毛或无毛；托叶不规则半圆形或卵形，边缘有粗齿。伞房花序多花；花总梗及花梗皆有毛；花瓣白色；雄蕊20；花柱3~5，基部有柔毛；果实近球形，深红色，有浅色斑点，果可食和供药用。花期5~6月，果期9~10月。

适应性强，耐瘠薄，深根性，生长缓慢，寿命长，常生长在浅山、丘陵、岗地，主要分布于黄河流域以南地区。

大张湾山楂

学名：山楂(*Crataegus pinnatifida* Bge.)
蔷薇科(Rosaceae)
山楂属(*Crataegus*)

编号为05-023的山楂位于光山县弦山办事处大张湾村泗山洼村民组，树龄200年，树高7m，胸围160cm，地围180cm，平均冠幅 6m，树干上凸凹不平，布满小空洞，树干在5m处分杈，树冠窄小、略偏，长势一般。

万湾山楂

学名：山楂(*Crataegus pinnatifida* Bge.)
蔷薇科(Rosaceae)
山楂属(*Crataegus*)

据该村民组一位姓向的村妇（50多岁）讲述，原来该处有两株同样大的山楂树，其中一株已死亡多年，栽植两株树时是为了纪念其曾祖母寡居守节的。清朝末期，其曾祖母20多岁，相继死了丈夫、儿子，婆家人看其年轻劝她改嫁，她不愿意离开，寡居为丈夫守节。清朝廷为表彰其孝廉贞节、宣扬封建礼制，为其修建一座贞节牌坊，后毁于破四旧、立四新年代，现向秀能家还保存一块刻有“二龙戏珠”的门匾。2002年，该树已濒死，现又呈现枯木逢春状。

编号为15-135的山楂树位于光山县晏河乡万湾村孙张洼村民组水泥路东侧，树龄200年，树高8m，胸围120cm，地围170cm，东西、南北冠幅均为5m，树干自基部至1m高处树皮纵裂，长势一般。

桑树

Morus alba L.

别名家桑。桑科桑属落叶乔木。树皮黄褐色，浅裂。幼枝有毛或光滑。叶卵形或宽卵形，长5~18cm，宽4~8cm，先端尖或钝，基部圆形或浅心脏形，边缘具粗钝齿或有时不规则分裂，上面无毛，下面脉上或脉腋有毛；叶柄长1~2.5cm。花雌雄异株，呈腋生穗状花序；雄花序长1~2.5cm；雌花序长5~10mm；雄花萼片与雄蕊各4；雌花柱头2裂，无柄，宿存。聚花果长1~2.5cm，黑紫色或白色。花期4月，果期6~7月。

树皮纤维细柔，可作混纺原料，亦可制造高级牛皮纸、蜡纸、绝缘纸等。根皮为清肺热、利尿消肿、镇咳药；叶为养蚕的主要饲料；果实能滋养补血，明目安神。亦可生食或酿酒、制蜜饯等。木材坚硬，可制农具、乐器、雕刻、器具等。

原产我国中部，南北各地普遍栽培。

胡楼桑树

学名： **桑树**(*Morus alba* L.)
桑科(Moraceae)
桑属(*Morus*)

编号为04-014的桑树位于光山县北向店乡胡楼村徐楼村民组路东，树龄110年，树高12m，胸围155cm，地围170cm，东西冠幅11m，南北冠幅12m，树干通直，在4m处分第一轮侧枝，在5m处分第二侧枝，侧枝发达，枝桠紧密，树冠呈伞状，长势旺盛。

付寨桑树

学名：桑树(*Morus alba* L.)
桑科(Moraceae)
桑属(*Morus*)

编号为08–049的桑树位于光山县马畈镇付寨村罗湾村民组罗姓坟山边，树龄150年，树高8m，胸围300cm，地围500cm，平均冠幅21m，树干基部西侧有空洞，洞里另生长一株小桑树，树干无主头，侧枝发达，枝条茂密，下垂接近地面，长势一般。

胡店桑树

学名：桑树(*Morus alba* L.)
桑科(Moraceae)
桑属(*Morus*)

编号为12-076的桑树位于光山县斛山乡胡店村土岗村民组，树龄150年，树高10m，胸围210cm，地围270cm，东西冠幅18m，南北冠幅20m，树干有不同程度纵裂，略向南倾斜，在2.5m处分杈，两大主枝形成树冠，侧枝极为发达，树冠呈圆弧形伞状，长势旺盛。

胡店桑树

学名： **桑树**(*Morus alba* L.)
桑科(Moraceae)
桑属(*Morus*)

编号为12-077的桑树位于光山县斛山乡胡店村杨杜湾村民组杨娃坟山上，树龄300年，树高26m，胸围600cm，地围800cm，平均冠幅10m，树干在2m处分杈，有两大主枝，其南侧主枝已死多年，枯桩还在，北侧主枝形成树高、树冠，树干在15～20m之间有空洞，树基部已有腐朽现象，长势较差。

紫薇

Lagerstroemia indica L .

千屈菜科紫薇属落叶小乔木，又称痒痒树、百日红。树皮薄片状，剥落后特别光滑，小枝四棱状。叶椭圆形或卵形，长3~7cm，全缘；近无柄。花亮粉红至紫红色，花瓣6，皱波状或细裂状，具长爪，呈顶生圆锥花序。紫薇萌发力强，耐修剪，花期长达3个月，故称百日红；生长缓慢，寿命较长，是园林绿化的必要树种。

产我国华东、中南及西南各地。喜光，有一定耐寒能力。

青龙紫薇

学名： **紫薇**(*Lagerstroemia indica* L.)
千屈菜科(Lythraceae)
紫薇属(*Lagerstroemia*)

编号为13-100的紫薇位于光山县殷棚乡青龙村王湾村民组水库边王娃坟山上，树龄200年，树高8m，胸围90cm，地围120cm，东西冠幅10m，南北冠幅12m，树干光滑，树冠侧枝发达，树冠呈伞状，长势旺盛。

油茶

Camellia oleifera Abel

山茶科山茶属常绿小乔木。树高2.5~5m，树冠伞形或开心形，树皮灰白色或铁锈色。

油茶油色清味香，内含油酸80.51%，亚油酸8.84%，棕榈酸9.10%，硬油酸1.56%，在油脂生产上占有重要地位。常食油茶油可防治高血压，降低胆固醇，消除浮肿，具有增寿延年、强身健体等功能。此外，还可作工业和医药原料，还有许多副产品可以综合利用。

油茶喜温暖湿润的气候，要求年平均温度14~21℃，最低月平均温度不得低于0℃，最热月平均温度为31℃。相对湿度在74%~85%之间，年平均降雨量在1000mm以上，且四季分配均匀，日照1800~2200小时。

油茶对土壤要求不严，适应性很强，能耐较瘠薄干旱的土壤。一般以pH值4~6的酸性黄壤或黄棕壤最为适宜，而疏松深厚、排水良好、较肥沃的沙质壤土及光照充足的阳坡、半阳坡对油茶生长发育特别有利。在这种土壤上生长的油茶结实丰满，产量及出油率均高。

油茶具有萌蘖性，再生能力强，利用这个特性可进行老残林更新改造。

油茶的新梢可分为春梢、夏梢和秋梢三种。春梢从3月中旬萌发，4月中旬至5月中旬生长最快，至5月中旬基本结束，春梢数量最多。夏梢5月中旬开始萌发，夏梢数量较少。秋梢萌发于9月上旬，生长至11月下旬，秋梢极少。春梢是油茶主要的结果枝，春梢的数量和生长好坏，直接影响果实的产量，故促进春梢的生长是提高产量的主要途径。

油茶为两性花，为虫媒授粉，自花不孕。一般在10月上中旬始花，10月下旬至11月上旬为盛花期，如在盛花期天气温暖晴朗，有利昆虫活动，则花朵受精成果率高。

油茶果实为球形、扁球形、橄榄形，颜色有红、黄、青等种。果实生长期为210天，2~8月为果实(包括种子)形成期，8月以后为种子增长即油分转化期，果实于10月中下旬成熟。

油茶的整个生育过程与外界条件、经营管理措施密切相关。气温、雨水适宜，有利于新梢生长，有利于花芽分化和果实发育，气温不适则抑制生长，如夏秋干旱，就会出现“7月干球，8月干油”的现象，严重影响油茶产量。合理进行整形修剪、松土除草和施肥，改善林地环境条件，可促进花芽分化早，比率高，能提高种子的产量和质量。在经营管理好、立地条件亦好的油茶林分中，造林后3年就能开花结实，7年就有一定的生产能力，10年就可进入盛果期，可持续70~80年。

光山油茶王

学名：油茶(*Camellia oleifera* Abel)
山茶科(Theaceae)
油茶属(*Camellia*)

2009年该株油茶树经湖南省林科院首席油茶博士陈永忠鉴定时，命名为“油茶王”。

编号为14-119的油茶树位于光山县南向店乡闵冲村上金湾村民组的东山西坡上，树龄150年，树高5m，胸围110cm，地围115cm，东西、南北冠幅均为8m，树干在40cm处分杈，两大主枝形成树冠，树冠偏西北，枝条顺山坡下垂，新枝叶红色，长势较旺。

臭椿

Ailanthus altissima (Mill.) Swingle

别名椿树。苦木科臭椿属落叶乔木，高可达20m。树皮暗灰色或暗灰黑色。嫩枝赤褐色，被疏柔毛。奇数羽状复叶互生，长45~90cm；小叶13~25，揉搓后有臭味，卵状披针形，先端渐尖，基部斜楔形，全缘，仅在近基部通常有1~2对粗锯齿，齿端下面有1腺体。圆锥花序，顶生；花杂性，白色带绿；雄花有雄蕊10；子房为5心皮，柱头5裂。翅果矩圆状椭圆形，长3~5cm。花期4~5月，果期9~10月。木材供制车辆等。叶可饲蚕。树皮可提制栲胶。种子含油率约35%。树皮、根皮、果实均可入药；有清热利湿、收敛止痢等效。能耐旱、耐碱，抗污染，常作为行道树和厂矿绿化树种。

我国辽宁、华北、西北至长江流域各地均有分布。

王楼臭椿

学名： **臭椿**(*Ailanthus altissima* (Mill.) Swingle)
苦木科(Simaroubaceae)
臭椿属(*Ailanthus*)

编号为01-005的臭椿位于光山县孙铁铺镇王楼村李箩村民组，树龄110年，树高10m，胸围150cm，地围200cm，平均冠幅12m，树干有不同程度树皮开裂，侧枝有枯梢现象，长势一般。

百步臭椿

学名：臭椿(*Ailanthus altissima* (Mill.) Swingle)
苦木科(Simaroubaceae)
臭椿属(*Ailanthus*)

编号为09-061的臭椿位于光山县罗陈乡百步村南熊畈村民组，树龄120年，树高15m，胸围185cm，地围400cm，平均冠幅15m，树根裸露，树干在5m处分杈，两大主枝的侧枝发达，形成伞状树冠，长势旺盛。

环山臭椿

学名： **臭椿**(*Ailanthus altissima* (Mill.) Swingle)
苦木科(Simaroubaceae)
臭椿属(*Ailanthus*)

编号为14–112的臭椿位于光山县南向店乡环山村杨堂村民组的道路与水田埂之间，树龄120年，树高13m，胸围195cm，地围300cm，东西、南北冠幅均为12m，树干基部粗大，尖削度大，在2m处分杈，三大主枝形成伞状树冠，侧枝发达，长势旺盛。

韩畈臭椿

学名：臭椿(*Ailanthus altissima* (Mill.) Swingle)
苦木科(Simaroubaceae)
臭椿属(*Ailanthus*)

编号为15–137的臭椿位于光山县晏河乡韩畈村晏店村民组，树龄110年，树高12m，胸围220cm，地围490cm，平均冠幅15m，树干西侧分别于1.5m、3.5m处各有树瘤一个，树干在6m处分杈，四大主枝形成伞状树冠，树干自基部至1m处有一空洞，长势一般。

朴 树

Celtis sinensis Pers.

别名婆树。榆科朴属落叶乔木。树皮平滑，灰色。1年生枝被密毛。叶革质，宽卵形至狭卵形，长3~10cm，中部以上边缘有浅锯齿，三出脉，下面无毛或有毛；叶柄长3~10mm。花杂性（两性花和单性花同株），1~3朵生于当年枝的叶腋；花被片4，被毛；雄蕊4；柱头2。核果近球形，直径4~5mm，红褐色；果柄与叶柄近等长；果核有穴和突肋。花期3~4月，果期8~9月。

河南产伏牛山南部、大别山和桐柏山区；生于山坡或山谷。我国分布于陕西、甘肃、四川及华东、中南各地。树皮含纤维32%~36%，是制绳索、造纸及人造棉的原料。种子含油量43%，可供制肥皂及润滑油。木材坚硬，供作枕木、建筑、家具等。树皮与叶供药用，具有调经、祛风湿之效。

张胡店朴树

学名：朴树(*Celtis sinensis* Pers.)
榆科(Ulmaceae)
朴属(*Celtis*)

编号为02–009的朴树位于光山县寨河镇张胡店村下张楼村民组门口水塘东侧坟山上，树龄150年，树高12m，胸围220cm，地围300cm，平均冠幅19m，树冠饱满、呈伞状，树干在2m处分杈，有四大主枝，侧枝发达，长势旺盛，此树属下张楼村民组集体所有，每年过节、喜事常有村民来此烧纸、烧香，许愿、还愿“挂红”。

胡楼朴树

学名： **朴树**(*Celtis sinensis* Pers.)
榆科(Ulmaceae)
朴属(*Celtis*)

编号为04-016的朴树位于光山县北向店乡胡楼村徐楼村民组坟山上，树龄120年，树高15m，胸围170cm，地围200cm，平均冠幅16m，树干通直，树皮灰白色、光滑，在2m处分杈，四大主枝形成伞状树冠，侧枝发达，枝条紧密，长势旺盛。

大张湾朴树

学名：朴树(*Celtis sinensis* Pers.)
榆科(Ulmaceae)
朴属(*Celtis*)

编号为05-019的朴树位于光山县弦山办事处大张湾村段岗村民组，树龄120年，树高17m，胸围200cm，地围280cm，平均冠幅14m，树干在5m处分杈，两大主枝形成树冠，树冠发达，呈伞状，侧枝茂密，长势旺盛。

鸡冠朴树

学名： **朴树**(*Celtis sinensis* Pers.)
榆科(Ulmaceae)
朴属(*Celtis*)

编号为19-209的朴树位于光山县白雀园镇鸡冠村黄土洼村民组（北株），树龄120年，树高15m，胸围220cm，地围265cm，平均冠幅15m，树干分为五大主枝形成伞状树冠，侧枝发达，长势旺盛。

鸡冠朴树

学名：朴树(*Celtis sinensis* Pers.)
榆科(Ulmaceae)
朴属(*Celtis*)

编号为19-210的朴树位于光山县白雀园镇鸡冠村黄土洼村民组（南株），树龄100年，树高16m，胸围205cm，地围270cm，平均冠幅14m，三大主枝组成骨干枝形成树冠，呈典型伞状冠幅，侧枝发达，长势旺盛。

青冈栎

Cyclobalanopsis glauca (Thunb.) Oerst.

青冈栎，别名紫心木、青栲等，又俗称斗笠树，因树形如斗笠而得美名，壳斗科青冈属，为亚热带树种，常绿乔木，叶互生，集枝顶，叶革质，椭圆形，侧卵状，叶顶具有短渐尖头，叶缘中部以上具有锯齿，5月开黄绿色花，花单性，雌雄同株，雄花是柔荑花序，细长下垂，坚果卵形或椭圆形，生于杯状壳斗中，10月成熟，喜生于微碱性或中性石灰岩土壤上，耐干旱、萌芽能力强、成枝力高。

青冈栎因它的叶子会随天气的变化而变色，所以又被称为“气象树”。它对气候条件反应敏感，是因为叶中所含的叶绿素和花青素的比值变化形成的。在长期干旱之后，即将下雨之前，遇上强光闷热天，叶绿素合成受阻，使花青素在叶片中占优势，叶片逐渐变成红色。有些地方的群众根据平时对青冈栎的观察，得出了经验：当树叶变红时，这个地区在一两天内会下大雨。雨过天晴，树叶又呈深绿色。农民就根据这个信息，预报气象，安排农活。

编号为18-199的青冈栎位于光山县凉亭乡杨岭村小杨岭村民组东山上，树龄200年，树高16m，胸围200cm，地围220cm，东西冠幅9m，南北冠幅10m，树干在3m处分两大主枝生长，西侧临乡村小路，距路高2.5m以上似悬崖，西部主根悬空、裸露，长势一般，根尖深深扎入石砾中，给人的感觉好像一位勇士。

杨岭青冈栎

学名： **青冈栎**(*Cyclobalanopsis glauca* (Thunb.) Oerst.)
壳斗科(Fagaceae)
青冈属(*Cyclobalanopsis*)

侧 柏

Platycladus orientalis (Linn.) Franco

别名柏树。柏科侧柏属常绿乔木。有3000年以上的栽培历史。《禹贡》、《三辅黄图》中都有记载。幼树及青年期树冠塔形，老树广圆形。乔木，高达20m。树皮暗灰褐色，浅纵裂。小枝细、扁平。叶小，鳞形，紧抱小枝，交叉对生，中间一对鳞叶近卵状菱形或斜方形，长约1.5mm，宽1.2mm，侧面一对相向对折，近三角状卵形，长2~3mm，宽约1mm。雄球花长卵形，长2~4mm；雌球花卵圆形，被白粉，熟后开裂变黄褐色；种鳞4对，中间2对倒卵形，上部肥厚，鳞背近顶端具1向外反曲呈钩状的尖头；上部和基部2对种鳞窄小；种子卵圆形，灰褐色，长4~8mm，无翅，种脐大而明显。花期4月，种子10月成熟。

原产黄河中下游及淮河流域，现西藏自治区至东部沿海，黑龙江省至广东省皆有分布，自平原至海拔4000m均有侧柏栽培。温带树种，喜光，幼时较耐阴，20年后需光量大增。在排水良好、湿润、肥沃土壤中生长旺盛。适应性强，耐干冷气候（-27~-35℃、相对湿度接近0、年降水量300mm），耐热（40℃），也能在年降水量1600mm的暖湿气候下生长；对土壤要求不严，在酸性、微碱性至钙质土皆可生长，在干旱瘠薄的阳坡石缝中也能生存，并能耐紧实土壤。浅根性，侧根发达，抗风力弱。萌芽力强，耐修剪。对二氧化碳、氯化氢、铅等抗性较强，滞尘能力强。长寿树种，山西太原晋祠“周柏”已达3000年，河南登封嵩阳书院“二将军”柏已达2500年，光山县净居寺唐柏已有1300年。

编号为08-039的侧柏位于光山县马畈镇汪畈村李湾村民组，树龄150年，树高16m，胸围180cm，地围190cm，平均冠幅8m，主干通直，顺时针旋转，略向南倾斜，侧枝发达，树冠呈伞状，长势旺盛。

汪畈侧柏

学名： **侧柏**(*Platycladus orientalis* (Linn.) Franco)
柏科(Cupressaceae)
侧柏属(*Platycladus*)

石佛侧柏

学名：侧柏(*Platycladus orientalis* (Linn.) Franco)
柏科(Cupressaceae)
侧柏属(*Platycladus*)

据碑上记载：坟主"卒于嘉庆元年（1796年）"，当年栽植柏树，距今已有214年了。

光山县罗陈乡石佛村向洼村民组门口水塘西南侧，生长着三株古侧柏树，树龄均为214年。编号为09-056的是东株，树高10m，胸围160cm，地围200cm，东西冠幅8m，南北冠幅10m，树干通直，侧枝呈逆时针旋转，枝桠稀疏，长势一般。

石佛侧柏

学名：侧柏(*Platycladus orientalis* (Linn.) Franco)
柏科(Cupressaceae)
侧柏属(*Platycladus*)

编号为09-057的侧柏是三株古侧柏树中的北株，树高10m，胸围170cm，地围205cm，东西、南北冠幅均为11m，树干通直，侧枝较发达，树冠呈伞状，长势一般。

编号为09-058的侧柏是三株古侧柏树中的南株，树高10m，胸围215cm，地围260cm，东西冠幅9m，南北冠幅8m，树干通直，侧枝较发达，树冠呈伞状，长势一般。

张中湾侧柏

学名：侧柏(*Platycladus orientalis* (Linn.) Franco)
柏科(Cupressaceae)
侧柏属(*Platycladus*)

光山县殷棚乡张中湾村王坟村民组与罗山县交界处竹林中，生长着两株古侧柏树，其中编号为13-092的东一株是属于王坟村民组所有，树龄400年，树高17m，胸围192cm，地围213cm，东西冠幅8m，南北冠幅10m，树干圆润通直，树冠呈伞状，长势旺盛。

据王坟村民组一位村民介绍：这两株柏树是当时光山、罗山两县张姓共同祖先所栽植，距今约有400余年。新中国成立前柏树所在地叫张塘祠堂，是一座庙，过去年年唱戏，直到1958年大炼钢铁，1964年破四旧才彻底被毁坏掉。

熊畈侧柏

学名： **侧柏**(*Platycladus orientalis* (Linn.) Franco)
柏科(Cupressaceae)
侧柏属(*Platycladus*)

编号为15-147的侧柏位于光山县晏河乡熊畈村余围孜村民组，树龄300年，树高8m，胸围150cm，地围180cm，平均冠幅5m，树干逆时针方向旋转，向东倾斜40°，树干4~6m处无树皮，树冠窄小，长势一般，现有石头砌的护墙支撑树体。

帅洼侧柏

学名： **侧柏**(*Platycladus orientalis* (Linn.) Franco)
柏科(Cupressaceae)
侧柏属(*Platycladus*)

编号为15-148的侧柏位于光山县晏河乡帅洼村干鹅冲村民组，树龄200年，树高11m，胸围180cm，地围230cm，平均冠幅8m，树干在6m处分杈，原主头折断后重新萌发新枝成顶梢，侧枝发达，树冠呈伞状，长势旺盛。

朱堂侧柏

学名：侧柏(*Platycladus orientalis* (Linn.) Franco)
柏科(Cupressaceae)
侧柏属(*Platycladus*)

编号为19-214的侧柏位于光山县白雀园镇朱堂村大朱湾村民组（西株），树龄300年，树高11m，胸围140cm，地围170cm，平均冠幅6m，树干呈逆时针方向旋转，主头已被雪压折，树冠紧凑，呈伞形，长势一般。

朱堂侧柏

学名： **侧柏**(*Platycladus orientalis* (Linn.) Franco)
柏科(Cupressaceae)
侧柏属(*Platycladus*)

编号为19-215的侧柏位于光山县白雀园镇朱堂村大朱湾村民组（东株），树龄300年，树高15m，胸围190cm，地围210cm，平均冠幅11m，树体高大坚实，树冠层次分明，侧枝发达，树冠呈伞状，树干通直，树干北侧有3m长、16cm宽的树皮开裂，现两边已愈合，长势旺盛。

净居寺侧柏

学名： **侧柏**(*Platycladus orientalis* (Linn.) Franco)
柏科(Cupressaceae)
侧柏属(*Platycladus*)

编号为20–219的侧柏位于光山县净居寺寺门口东南角，树龄300年，树高13m，胸围136cm，地围160cm，平均冠幅3m，树干向西南侧倾斜严重，现有铁杆支撑着，树冠窄小，侧枝稀疏，长势较差。

净居寺侧柏

学名： **侧柏**(*Platycladus orientalis* (Linn.) Franco)
柏科(Cupressaceae)
侧柏属(*Platycladus*)

编号为20-224的侧柏位于光山县净居寺寺门口唐柏西侧，树龄300年，树高13m，胸围150cm，地围180cm，平均冠幅4m，树干通直，树冠窄小紧凑，枝桠较密，长势旺盛。

圆柏

Juniperus chinensis L.

别名刺松。柏科刺柏属常绿乔木。高达12m，树皮灰褐色，树冠塔形。小枝下垂，冬芽显著。叶全为刺叶，3叶轮生，叶条状刺形，先端尖锐，中脉绿色明显突起，两侧各有一条白色气孔带，叶背深绿色，叶基部有关节，不下延生长。球花单生叶腋。果球形或卵状球形，浆果状，熟时红褐色，常开裂，被白粉，种子3粒，半月形，无翅，有3~4棱脊。两年或3年成熟，球果肉质。

为我国特有树种。分布广。性喜光，稍耐阴，耐寒性强，干瘠、石砾地也能生长。在土层深厚、肥沃、排水良好、富含腐殖质的土壤中生长良好。

神埂圆柏

学名： **圆柏**(*Juniperus chinensis* L.)
柏科(Cupressaceae)
刺柏属(*Juniperus*)

编号为05-025的圆柏位于光山县弦山办事处神埂村小胡楼村民组柏树墩东侧，树龄200年，树高9m，胸围155cm，地围190cm，平均冠幅9m，树干南侧树皮纵裂有伤口，树干在2m处分杈，第一轮侧枝有4枝，东南侧枝有枯死状，树冠呈伞状，长势一般。

神埂圆柏

学名： **圆柏**(*Juniperus chinensis* L.)
柏科(Cupressaceae)
刺柏属(*Juniperus*)

编号为05-026的圆柏位于光山县弦山办事处神埂村小胡楼村民组柏树墩西侧，树龄200年，树高9m，胸围200cm，地围220cm，平均冠幅9m，树干通直，在4m处分杈，树冠呈伞状，叶色浓绿，长势旺盛。

庙山圆柏

学名： **圆柏**(*Juniperus chinensis* L.)
柏科(Cupressaceae)
刺柏属(*Juniperus*)

编号为08-033的圆柏位于光山县马畈镇庙山村叶洼村民组水塘埂南侧，树龄150年，树高7m，胸围120cm，地围130cm，平均冠幅5m，树干通直，树冠分3层，上宽下窄，长势一般。

梅岗圆柏

学名： **圆柏**(*Juniperus chinensis* L.)
柏科(Cupressaceae)
刺柏属(*Juniperus*)

编号为12-084的圆柏位于光山县斛山乡梅岗村王湾村民组王姓坟山上，树龄200年，树高11m，胸围126cm，地围156cm，平均冠幅4m，树干通直，树冠窄小紧凑，叶浓密，长势旺盛。

五座楼圆柏

学名：圆柏(*Juniperus chinensis* L.)
柏科(Cupressaceae)
刺柏属(*Juniperus*)

编号为13-104的圆柏位于光山县殷棚乡五座楼村部，树龄200年，树高10m，胸围181cm，地围196cm，东西冠幅8m，南北冠幅7m，树干通直，树冠无主头，枝条下垂如龙爪状，树冠呈伞状，长势一般。

闵冲圆柏

学名： **圆柏**(*Juniperus chinensis* L.)
柏科(Cupressaceae)
刺柏属(*Juniperus*)

编号为14-120的圆柏位于光山县南向店乡闵冲村上金湾村民组路南侧，树龄110年，树高18m，胸围185cm，地围220cm，东西、南北冠幅均为7m，树干通直，在6m处分杈，树干基部北侧纵裂，两大主枝形成树冠，树冠略偏向东南，长势一般。

乐园圆柏

学名： **圆柏**(*Juniperus chinensis* L.)
柏科(Cupressaceae)
刺柏属(*Juniperus*)

编号为14–121的圆柏位于光山县南向店乡政府乐园内，树龄400年，树高12m，胸围135cm，地围160cm，平均冠幅6m，树干通直，但树冠稀疏，长势较差。

董湾圆柏

学名：圆柏(*Juniperus chinensis* L.)
柏科(Cupressaceae)
刺柏属(*Juniperus*)

编号为14-122的圆柏位于光山县南向店乡董湾村江湾村民组，树龄400年，树高10m，胸围250cm，地围270cm，平均冠幅9m，树干南侧树皮纵裂占树干的1/5，形成深沟状，树冠南侧无侧枝，冠偏向西北方，侧枝较发达，整个长势一般。

董湾圆柏

学名：圆柏(*Juniperus chinensis* L.)
柏科(Cupressaceae)
刺柏属(*Juniperus*)

编号为14–123的圆柏位于光山县南向店乡董湾村江湾村民组，树龄120年，树高9m，胸围130cm，地围180cm，平均冠幅6m，树干通直，在4m处分杈，侧枝发达，树冠呈伞状，长势旺盛。

董湾圆柏

学名： **圆柏**(*Juniperus chinensis* L.)
柏科(Cupressaceae)
刺柏属(*Juniperus*)

编号为14–124的圆柏位于光山县南向店乡董湾村江湾村民组门口塘埂东南角，树龄200年，树高5m，胸围130cm，地围150cm，平均冠幅6m，树干基部东北侧中部纵裂、破皮，树干在3m处分杈，南北两大主枝各形成主树冠，东西向无侧枝，长势一般。

许洼圆柏

学名：圆柏(*Juniperus chinensis* L.)
柏科(Cupressaceae)
刺柏属(*Juniperus*)

编号为15-141的圆柏位于光山县晏河乡许洼村赵洼村民组赵姓坟山上，树龄300年，树高6m，胸围120cm，地围150cm，平均冠幅4m，树干向东南向倾斜约40°，树干基部至2.5m处东南侧无树皮，长势较差。

许洼圆柏

学名：圆柏(*Juniperus chinensis* L.)
柏科(Cupressaceae)
刺柏属(*Juniperus*)

编号为15–142的圆柏位于光山县晏河乡许洼村赵洼村民组原赵姓祠堂院内，树龄200年，树高14m，胸围110cm，地围130cm，平均冠幅3m，树干通直，树冠窄小，枝叶稀疏，长势较差。

李畈圆柏

学名：圆柏(*Juniperus chinensis* L.)
柏科(Cupressaceae)
刺柏属(*Juniperus*)

编号为15-144的圆柏位于光山县晏河乡李畈村南李洼村民组门口水塘北塘埂上，树龄300年，树高12m，胸围155cm，地围170cm，平均冠幅9m，树干在6m处分杈，三大主枝形成树冠。树干基部自分杈南侧无树皮，枝梢有枯死现象，长势一般。

李岗圆柏

学名：圆柏(*Juniperus chinensis* L.)
柏科(Cupressaceae)
刺柏属(*Juniperus*)

编号为16–164的圆柏位于光山县泼陂河镇李岗村李岗村民组古庙北侧，树龄200年，树高7m，胸围180cm，地围200cm，平均冠幅8m，树干通直，树干在2.2m处分杈，两大主枝形成树冠，树干有不同程度的纵裂，长势一般。

陈乡圆柏

学名：圆柏(*Juniperus chinensis* L.)
柏科(Cupressaceae)
刺柏属(*Juniperus*)

编号为17-179的圆柏位于光山县砖桥镇陈乡村南楼村民组菜地，树龄300年，树高11m，胸围170cm，地围210cm，平均冠幅10m，树干自1.3m与1.5m处分杈，形成主侧枝，无主头，树干西南侧树皮受伤开裂，树冠呈“塔状”，侧枝发达，但北侧枝有空缺，所有主侧枝均呈“龙爪”状，长势旺盛。

李长店圆柏

学名： **圆柏**(*Juniperus chinensis* L.)
柏科(Cupressaceae)
刺柏属(*Juniperus*)

编号为17-185的圆柏位于光山县砖桥镇李长店村赵岗村民组水田边，树龄300年，树高9m，胸围140cm，地围160cm，平均冠幅7m，树干西南东侧有相对着的树皮开裂，树根西北侧有裸根现象，树冠呈伞状，长势一般。

杨河圆柏

学名： **圆柏**(*Juniperus chinensis* L.)
柏科(Cupressaceae)
刺柏属(*Juniperus*)

编号为18-194的圆柏位于光山县凉亭乡杨河村下刘湾村民组，该村民组水塘南塘埂上并排生长着3株百年以上的圆柏树。该株圆柏为西株，树龄300年，树高15m，胸围160cm，地围180cm，东西冠幅7m，南北冠幅9m，树干通直，树冠呈伞状，树基部树皮有纵裂，叶色翠绿，长势旺盛。

杨河圆柏

学名： **圆柏**(*Juniperus chinensis* L.)
柏科(Cupressaceae)
刺柏属(*Juniperus*)

编号为18–195的圆柏位于光山县凉亭乡杨河村下刘湾村民组水塘南塘埂上中间株，树龄200年，树高13m，胸围145cm，地围170cm，平均冠幅4m，树干通直，自基部西北侧至3.5m处有纵裂伤口，树冠窄小，长势一般。

杨河圆柏

学名： **圆柏**(*Juniperus chinensis* L.)
柏科(Cupressaceae)
刺柏属(*Juniperus*)

编号为18-196的圆柏位于光山县凉亭乡杨河村下刘湾村民组水塘南塘埂上南株，树龄200年，树高13m，胸围135cm，地围160cm，平均冠幅3m，树干通直，主头枯死，树冠窄小，长势较差。

大金圆柏

学名：圆柏(*Juniperus chinensis* L.)
柏科(Cupressaceae)
刺柏属(*Juniperus*)

编号为18–201的圆柏位于光山县凉亭乡大金村大胡湾村民组小庙前，树龄200年，树高11m，树干向南倾斜约30°，胸围145cm，地围170cm，平均冠幅8m，枝叶茂密，长势旺盛。

鸡冠圆柏

学名：圆柏(*Juniperus chinensis* L.)
柏科(Cupressaceae)
刺柏属(*Juniperus*)

编号为19-211的圆柏位于光山县白雀园镇鸡冠村下湾村民组小庙东南侧，树龄150年，树高5m，胸围132cm，地围154cm，平均冠幅8m，树干西北侧自基部到2m处中空，树冠呈伞状，长势旺盛。

龙寨圆柏

学名： **圆柏**(*Juniperus chinensis* L.)
柏科(Cupressaceae)
刺柏属(*Juniperus*)

编号为19–212的圆柏位于光山县白雀园镇龙寨村龙王尖林场，树龄200年，树高9m，胸围191cm，地围200cm，平均冠幅7m，树冠紧密，枝条紧密，长势一般。

净居寺圆柏

学名： **圆柏**(*Juniperus chinensis* L.)
柏科(Cupressaceae)
刺柏属(*Juniperus*)

编号为20–220的圆柏位于光山县净居寺门口东南角，树龄300年，树高13m，胸围130cm，地围175cm，东西、南北冠幅均为4m，树干向东南方倾斜，树冠窄小、紧凑，枝桠稀少，长势较差。

净居寺圆柏

学名：圆柏(*Juniperus chinensis* L.)
柏科(Cupressaceae)
刺柏属(*Juniperus*)

编号为20-225的圆柏位于光山县净居寺院内，树龄100年，树高12m，胸围157cm，地围188cm，平均冠幅8m，树干圆润通直，侧枝发达，形成伞状树冠，长势旺盛。

胡楼圆柏

学名：圆柏(*Juniperus chinensis* L.)
柏科(Cupressaceae)
刺柏属(*Juniperus*)

编号为20-229的圆柏位于光山县净居寺名胜管理区胡楼村冯庄村民组东组稻场（南株），树龄150年，树高5m，胸围136cm，地围160cm，平均冠幅5m，树干通直，树冠不完整，西侧无树冠，东侧主枝桠形成树冠，长势一般。

胡楼圆柏

学名： **圆柏**(*Juniperus chinensis* L.)
柏科(Cupressaceae)
刺柏属(*Juniperus*)

编号为20-230的圆柏位于光山县净居寺名胜管理区胡楼村冯庄村民组东组稻场（北株），树龄150年，树高6m，胸围130cm，地围115cm，平均冠幅3m，树干通直，树冠不完整、偏冠，西侧无树冠、偏东，侧枝不发达，长势一般。

杨帆圆柏

学名：圆柏(*Juniperus chinensis* L.)
柏科(Cupressaceae)
刺柏属(*Juniperus*)

编号为20-233的圆柏位于光山县净居寺名胜管理区杨帆村彭湾村民组坟山，树龄260年，树高9m，胸围172cm，地围190cm，平均冠幅9m，树干通直，树干在1.8m处分杈，三大主枝形成偏南树冠，东北方向缺枝桠，长势一般。

国槐

Sophora japonica Linn.

别名家槐。豆科槐属落叶乔木。国槐树冠球形，庞大，枝多叶密，花期较长，绿荫如盖。花两性，顶生，蝶形，黄白色，7~8月开花，11月果实成熟，荚果肉质，串珠状，成熟后干涸不开裂，常见挂树梢，经冬不落。性耐寒，喜阳光，稍耐阴，不耐阴湿而抗旱，在低洼积水处生长不良，深根，对土壤要求不严。用途：材质坚硬，有弹性，耐水湿，为北方优良用材，路旁绿化树种；2类商品木，优良蜜源树种。花可作黄色染料。花、果药用，有收敛、止血之效，根皮煎水，治烫伤、烧伤。

产我国产部，现自东北沈阳以南至华南、西南各地均有栽培，在黄北高原以华北平原最为普遍。日本、朝鲜也有分布。

代洼国槐

学名： **国槐**(*Sophora japonica* Linn.)
豆科(Leguminosae)
槐属(*Sophora*)

编号为08-034的国槐位于光山县马畈镇代洼村林洼村民组，树龄110年，树高8m，胸围200cm，地围210cm，平均冠幅10m，主干通直，在2.5m处分杈，无主头，侧枝发达，长势旺盛。

榆树

Ulmus pumila L.

别名榆钱。榆科榆属落叶乔木，高可达25m。树皮深灰色，粗糙，纵裂。小枝柔软，有短柔毛或近无毛。叶椭圆状卵形或椭圆状披针形，长2~8cm，宽1.5~2.5cm，先端尖或渐尖，基部楔形或圆形，近对称，边缘常有或幼时有短毛；叶柄长2~8mm。花早春先叶开放。翅果倒卵形或近圆形，光滑，顶端凹陷，有缺口；种子位于中部。花期3~4月；果熟期5月。树皮含纤维16.14%，拉力强，可代麻制绳索、麻袋或人造棉；又含黏性，可作造纸糊料。果、树皮和叶药用，能安神、利尿，可治神经衰弱、失眠及身体浮肿等症。叶可作农药，可治棉蚜。种子含油18.1%，供食用或制肥皂。嫩叶与果可食或作饲料。木材坚硬，可供建筑、车辆、农具等用。

河南产各地；多见于村旁、庭院、山坡。我国分布于东北、华北、西北及长江流域各地。

张老湾榆树

学名： **榆树**(*Ulmus pumila* L.)
榆科(Ulmaceae)
榆属(*Ulmus*)

编号为12–089的榆树位于光山县斛山乡张老湾村前胡湾村民组一农户房前，树龄120年，树高16m，胸围200cm，地围270cm，平均冠幅17m，树干通直，在8m处分杈，三大主枝形成伞状树冠，侧枝发达，长势旺盛。

枸 骨

Ilex cornuta Lindl.

别名鸟不宿。是冬青科冬青属常绿灌木或小乔木。树皮灰白色，平滑。叶硬革质，矩圆状四方形，长4~8cm，宽2~4cm，先端扩大，有硬而尖的刺齿3，基部平截，两侧各有尖硬刺齿1~2，上面深绿色，有光泽，下面淡绿色。雌雄异株，花黄绿色，簇生于2年生的枝上，到10月下旬至翌年1月，球形核果逐渐成熟由绿变红，鲜艳美丽，是观叶观果兼优的花木品种。树皮作染料或熬胶；叶和果实是滋补强壮药；种子油可制肥皂。叶硬而有尖刺齿，可作绿篱栽植。

枸骨原产于我国长江中下游地区，后来传入欧洲。

金庄枸骨

学名： **枸骨**(*Ilex cornuta* Lindl.)
冬青科(Aquifoliaceae)
冬青属(*Ilex*)

编号为14-129的枸骨位于光山县南向店乡金庄村前湾村民组古庙南，树龄200年，树高3m，地围210cm，平均冠幅3m，它们是4株丛生状，长势旺盛。

柿树

Diospyros kaki Thunb.

别名朱果。柿树科柿树属落叶乔木。根据《诗经》记载，中国柿树的栽培历史当在3000年以上。树高可达15m，树冠呈半圆形或圆头形。树皮暗灰色，呈方块状开裂。叶互生，椭圆状卵形或倒卵形，长6~18cm。雌雄异株或同株，雌花单生叶腋，雄花腋生成短聚伞状花序；花冠钟状，肉质，黄白色；花期5~6月。浆果卵圆形或扁球形，径3.5~8cm，橙黄色或鲜黄色；果期9~11月。柿栽培品种约在800个以上，可分为涩柿和甜柿两大类。

原产于中国，主要分布于北纬40°线以南，以山东、河北、河南、陕西、山西为主要栽培区。喜光，喜温暖气候，也耐寒。较喜湿润，不择土壤，但以土层深厚、排水良好的中性或微酸性壤土或黏壤土为宜。深根性，寿命长。一般10年生进入结果期，300年生的古树仍能结果。树姿优美，入秋叶红果艳，是观叶、观果俱佳的果树兼园林观赏树种。《酉阳杂俎》云："柿有七绝：一多寿，二多阴，三无鸟巢，四无虫蠹，五霜叶可玩，六嘉实可啖，七落叶肥大，可以临书。"足证柿树为世所珍。

晏岗柿树

学名： **柿树**(*Diospyros kaki* Thunb.)
柿树科(Ebenaceae)
柿树属(*Diospyros*)

编号为11-074的柿树位于光山县槐店乡晏岗村张岗村民组北渠道埂上，树龄120年，树高11m，胸围145cm，地围260cm，平均冠幅9m，树皮鳞片状开裂，树干在4m处分杈，两大主枝形成树冠，侧枝发达，长势旺盛。

东岳寺柿树

学名： **柿树**(*Diospyros kaki* Thunb.)
柿树科(Ebenaceae)
柿树属(*Diospyros*)

编号为16–167的柿树位于光山县泼陂河镇东岳寺村红星村民组水库边，树龄150年，树高10m，胸围160cm，地围190cm，平均冠幅11m，树干在2.5m处分第一轮主枝，树冠呈伞状，侧枝较发达，长势一般。

凉亭柿树

学名： **柿树**(*Diospyros kaki* Thunb.)
柿树科(Ebenaceae)
柿树属(*Diospyros*)

编号为18-203的柿树位于光山县凉亭乡凉亭村徐陈湾村民组水田边，树龄120年，树高10m，胸围120cm，地围130cm，平均冠幅7m，树皮鳞片状开裂，树干在3m处分杈，三大主枝平行向上形成树冠，骨干枝犹如龙爪苍劲向上旋转，枝梢有枯死现象，长势一般。

第四章

名木

古树枝柯少
枯来复几春
露根堪系马
空腹定藏人
蠹节莓苔老
烧痕霹雳新
若当江浦上
行客祭为神

山茶花（宝珠花）

Camellia japonica Linn.

山茶科山茶属常绿灌木或小乔木，是著名的花木树种，因其花期长、花量大、花色艳丽多彩而深受人们喜爱，常作庭院、盆栽、园林绿化观赏树种。树皮灰褐色，小枝光滑，叶椭圆形或倒卵形，长5~10cm，表面暗绿而有光泽，缘有细齿。花大，径5~12cm，近无柄。

目前栽培中品种多达千个，花色丰富，有白、粉、红等；瓣型多样，从单瓣至完全重瓣。它主产我国山东、浙江、四川三省，经人工繁育后品种丰富，现各地均有栽植。宝珠花是山茶花的一个变异品种。

光山县晏河乡晏河村许洼村民组陈斌家庭院内，生长着一株100年树龄的山茶花，编号15-136，树高4m，胸围51cm，地围78cm，东西冠幅5m，南北冠幅3m，一株二干，两主干在60cm处“合连”，南侧枝旺盛，北侧枝顶梢有枯死现象，花色粉红，开花量大，花期长，长势一般。

许洼山茶花

学名：山茶花(*Camellia japonica* Linn.)
山茶科(Theaceae)
山茶属(*Camellia*)

据树主人陈斌讲述，该株山茶花（宝珠花）是其曾祖父从江西迁移光山时带来的，距今约有100年以上时间。

净居寺山茶花

学名：山茶花(*Camellia japonica* Linn.)
山茶科(Theaceae)
山茶属(*Camellia*)

“宿雨初晴日吐霞，如茵绿草遍天涯。春游暮入梵天寺，夜伴大雄宝珠花”。光山县净居寺院内栽植着一株树龄60年的山茶花，又叫“宝珠花”。编号20-226，树高5m，地围38cm，东西、南北冠幅均为3m，花色鲜红，花期长达1个月以上，侧枝发达，长势旺盛。

西府海棠

Malus micromalus Makino.

别名海棠、海棠花、解语花。蔷薇科苹果属落叶乔木，高可达8m；小枝圆柱形，直立，叶片椭圆形至长椭圆形；托叶膜质，披针形，全缘；花序近伞形，具花5~8朵；花瓣卵形，基部具短爪，白色，初开放时粉红色至红色；果实近球形，黄色；果梗细，花期4~5月，果期9月。

西府海棠花色艳丽，一般多栽培于庭园供绿化用。西府海棠在海棠花类中树态峭立，似亭亭少女。花朵红粉相间，叶子嫩绿可爱，果实鲜美诱人，不论孤植、列植、丛植均极为美观。最宜植于水滨及小庭一隅。郭稹海棠诗中"朱栏明媚照黄塘，芳树交加枕短墙。"就是最生动形象的写照。新式庭园中，以浓绿针叶树为背景，植海棠于前列，则其色彩尤觉夺目，若列植为花篱，鲜花怒放，蔚为壮观。果实称为海棠果，味形皆似山楂，酸甜可口，可鲜食或制作蜜饯。

海棠花是我国的传统名花之一，花姿潇洒，花开似锦，自古以来是雅俗共赏的名花，素有花中神仙、花贵妃等"国艳"之誉，历代文人墨客题咏不绝。一代大文豪苏东坡也为之倾倒，"只恐夜深花睡去，故烧高烛照红妆"，因此海棠雅号"解语花"。西府海棠既香且艳，是海棠各地中的上品。其花未开时，花蕾红艳，似胭脂点点，开后则渐变粉红，有如晓天明霞。

西府海棠原产我国，现全国各地均有栽培。

邓颖超祖居西府海棠

学名：西府海棠(*Malus micromalus* Makino.)
蔷薇科(Rosaceae)
苹果属(*Malus*)

名木所在地——邓颖超祖居概说：邓颖超祖居位于河南省光山县司马光中路白云巷内，是原全国政协主席、中国妇女运动的先驱邓颖超同志祖父及父亲居住的地方，是一座典型的具有南方特点的清代建筑。

伟大的无产阶级革命家，中国妇女运动的先驱——邓颖超系河南省光山县城关镇人。清咸丰年间，邓颖超祖父辈带着四个儿子居住于此，邓颖超的父亲邓廷忠排行第四，与湖南长沙籍医生杨振德女士结为伉俪。1904年，杨振德生一女儿，取名玉爱，学名文淑，“五四运动”后改名邓颖超。

2001年文旅局投资230多万元，对邓颖超祖居经过认真整修，基本恢复原来面貌后，又多次派人赴北京、天津、吉林等地征集相关文物、用品300多件。邓颖超的侄子邓光弼捐献了邓颖超同志遗留的文物70余件。现祖居内陈列有邓颖超同志生平事迹展室、晚清大家豪宅寝室陈列展室、练武厅堂及党和国家领导人及文艺界名流题词碑廊等景点。

邓颖超祖居被河南省委宣传部辟为爱国主义教育基地，并将原光山一高更名为“颖超中学”。

邓颖超祖居院内生长着两株西府海棠树，它们是国务院中南海西花厅工作人员为纪念敬爱的邓大姐而于2005年12月集体赠送的。目前，两株海棠树枝繁叶茂，果实累累。

两株树高均为5m，平均冠幅均为4m，东株编号07-238，地围40cm，西株编号07-239，地围42cm，树干均在60cm处分权，东株分三大主枝、九个小侧枝；西株分两大主枝、十小侧枝，树形均略呈“丫”字形，侧枝发达，长势旺盛。

第五章

古树群

古树欹斜临古道
枝不生花腹生草
行人不见树少时
树见行人几番老
密叶四时同一色
高枝千岁对孤峰
此中疑有精灵在
为见盘根似卧龙

大塘寨板栗古树群

学名：板栗(*Castanea mollissima* Blume)
壳斗科(Fagaceae)
栗属(*Castanea*)

古树群所在地——寨河镇概说：寨河镇位于光山县北部，距县城12km，地处光山、潢川、息县三县交界处，全镇辖18个行政村(街)，4.6万人，面积118km^2。

寨河南依大别山，北临淮河水，自然条件得天独厚。境内地势平坦，一望无际。河流渠溪交错纵横，水库、湖、塘星罗棋布，素有“鱼米之乡”的美称。

寨河历史悠久，源远流长，文化灿烂。自古以来就是战略要地和商贸重镇。隋唐以来是直达历代京都的重要驿道和驿站。国道“312”也可堪称我国南北分界线。这里既是楚文化的发源地之一，又是楚汉文化结合部，既具有中原文化粗犷豪放的风格，又具有楚文化清新柔美的韵味。民风具有楚风豫韵。刘堂、大塘村古城址，东林村的唐宋代古镇遗址，吴寨村的殷商龙山文化遗址，至今展示着寨河历史的辉煌。

这里自然景色宜人。陈兴寨、金河沟、分水湖三大库、湖，柳影倒映，湖幽水静，风光迷人，美不胜收。16.4km长，面积1100亩的“312”国道绿色长廊，满目翠绿，让人领略田园风光，在

寨河镇境内逶迤蜿蜒20余千米，陈兴寨水库水波粼粼，鱼翔浅底，开阔、壮美、恬静，使你神清气爽，如沐春风。“寨河古渡”、“夕照柳林”、“渔樵唱晚”、“河滩小憩”等风景令人留连忘返。以天更蓝、水更清、山更绿为标志的生态乡镇建设呈现出无限生机。

这里是一块红色的土地。老一辈无产阶段革命家邓小平、刘伯承、李先念等在这里留下了战斗的足迹。“寨河桥头战斗旧址”、“冷洼战斗旧址”被列为省级文物保护单位，见证无数先烈为革命事业前赴后继，英勇献身。在革命战争年代，近2000名寨河优秀儿女用鲜血和生命，为中国人民解放事业作出了巨大牺牲和贡献。

我们沿着淮河支流——寨河逆河而上，便来到寨河镇大塘寨村东菜园村民组板栗古树群集中地，映入眼帘的是,一株株参天大树，整齐而有序的排列着，有树体挺拔、树冠发达、树干粗壮的板栗树，有高达30m的速生杨，有粗壮结实的红檀木等，可谓村在林中，林在村中。沿寨河流域有三个村民组，即东菜园、古城、东湾分布达到1000株之多的板栗古树群，其中历史分别达到100~400余年的古板栗树群也达100余株。很早时期，因水利条件差，这里的村民多以板栗为粮，刘邓大军第一师与敌军二十师激战时，当地的村民冒着战火将板栗支援前线，送给红军充饥。古板栗树群虽然历经世事沧桑，至今仍枝繁叶茂，生机盎然。春夏浓荫满地，给路人带来凉意；秋季硕果累累，色青味甘，坠满枝头，向行人诉说将要逝去的辉煌。

该村位于寨河西岸，土壤属于多年来的冲积河壤土，土壤肥沃、植被丰富。多年前，该村民组地势低洼，经常在雨季受到水淹，村民们不断加高、加宽河堤。为了充分利用土地，便在河堤上栽植既能解决温饱又有经济收入的板栗树。

最早的两株板栗王（据当地老人讲有400年）已经遭雷击致死，现仅存树干，经测量树干地围近6m。我们随机测量一株树冠完整、树龄较大、有代表性的板栗树：树高16m，在2.5m处分杈，6大主枝形成树冠，胸围2.9m，地围4m，东西冠幅20m，南北冠幅21m，侧枝发达，长势旺盛，每年硕果累累。古树群林分郁闭度0.7，平均树高13m，平均胸围3.2m。

柏树因其抗性强、适应性广、生长缓慢、寿命极长、树姿优美、终年常绿、材质坚实、具有芳香味而备受广大人民群众的喜爱，广泛栽植于百姓的坟山上、塘坝上、名胜古迹、古刹寺庵等地方。

光山县殷棚乡张中湾村丁南庄村民组丁氏祖坟周围，分布生长有一古柏树群5株，面积约有5亩，平均树高13m，平均胸围约178cm，地围225cm，林分郁闭度为0.4，古柏树群生长在海拔200m的浅山包上，坡向朝南，坡度为15°，土壤深厚肥沃，植被丰富。

该树主丁荣昌讲述：该坟主是他的祖先，立碑人是一位七品官，到安徽上任行走在半路时被杀，运回时无头颅。碑文显示立碑时间为光绪七年清明节，距今约有200余年，古树栽植是在立碑之前，其中一株树高15m，胸围178cm,东西冠幅7m，南北冠幅8m，树干呈逆时针方向旋转并向东南侧倾斜5°左右，枝桠紧密，侧枝长势一般，整个树势一般，树龄有500多年。

2010年8月14日，该株古树因连日强降雨而引起一则“林”局长救古树的新闻故事（发表在2010年8月27日《信阳日报》）——8月14日上午，光山县林业局局长王淮带领技术人员冒着高温酷暑赶赴殷棚乡张中湾村丁南庄村民组丁氏祖坟现场，对一株500年倒斜古柏树进行抢救。通过在古树上方山坡用滑轮组吊起，两侧人员用绳索牵引辅助，并用钢丝绳从不同角度进行固定，经过5个多小时的全力抢救，受灾古柏成功扶正。

事情原来是这样的：8月12日前后，光山县持续强降雨，导致殷棚乡张中湾村丁南庄组丁氏祖坟上（半山腰）的一株500年古柏，因泥土滑坡而树体倒斜，根系裸露。如不及时抢救，将很快向山下倒伏死亡。林业科班出身的光山县林业局局长王淮获悉后，立即安排由副局长范先松组织技术人员赶赴现场对古树受灾情况展开调查，初步认定古柏原地扶正后成活的可能性大，于是，便出现了文章开头的一幕。

张中湾圆柏古树群

学名：圆柏(*Juniperus chinensis* L.)
柏科(Cupressaceae)
刺柏属(*Juniperus*)

光山县殷棚乡五座楼村因明朝时期有一殷姓建起了五座楼而得名。五座楼村民组四面环山，在该村民组的对面海拔200m的山岗上，分布生长着4株马尾松，其中一株树龄200年，树高26m，胸围186cm，地围206cm，东西冠幅7m，南北冠幅8m，树干粗大，材积近4m^3，尖削度大，基部大，顶端小，树冠枝桠紧凑，冠如伞状，长势一般。古树群平均树高26m，平均胸围 186cm。坡向西北，土壤深厚肥沃，植被丰富。像这样集中连片的马尾松古树群，在殷棚乡屈指可数，具有极高的科学研究价值。除马尾松古树外，林内的乔木层树种还有很多板栗树等。林中的常绿树种较多。

五座楼马尾松古树群

学名：马尾松(*Pinus massoniana* Lamb.)
松科(Pinaceae)
松属(*Pinus*)

万河马尾松古树群

学名：马尾松(*Pinus massoniana* Lamb.)
松科(Pinaceae)
松属(*Pinus*)

万河村位于光山县槐店乡，距县城约10km。万河村民组是万河村的一个组成部分，坐落在由西北到西南丘岭走势的凹地旁，背靠光山县龙山水库，北靠万河山，有山有水，风景如画。就在该组西南方向的山包上，生长着当地人称为"五福松"的5株有100年以上的马尾松为主的古松树群。它们分别在5个方向排列，间隔不到20m，似百年相依的5"兄弟"。古树群平均树高11m，平均胸围 126cm。最大的一株树高11m，胸围126cm，地围160cm，东西冠幅8m，南北冠幅9m，树干通直，在3m处分杈，两大主枝形成树冠，冠如伞状，长势一般。据当地村民介绍， 5"兄弟"树距今已有120年，每逢节日或家有喜、忧事，他们都到该地来烧香、烧纸、燃放鞭炮，祈求五福临门。

像这样集中连片的马尾松古树群，实属罕见，具有极高的科学研究价值。除马尾松古树群，林内的乔木层树种还有杉树、乌桕、泡桐等。林中的常绿树种较多，一年四季皆郁郁葱葱,这与万河村民长期以来重视生态环境，爱护林木的优良传统相关。

柿园圆柏古树群

学名：圆柏(*Juniperus chinensis* L.)
柏科(Cupressaceae)
刺柏属(*Juniperus*)

光山县文殊乡柿园村李氏祠学校院内的东南角是李扶村民组的李氏祠堂（四合院院内），生长着东西对称、南北对称4株200年以上的古圆柏树群。树高、树围、树冠基本雷同。该树群平均树高11m，平均胸围150cm，树的南方两侧有花带，师生们常给古树及花带施肥、浇水、除草。古树群中有代表性的一株古圆柏，树高12m，胸围154cm，地围177cm，东西冠幅6m，南北冠幅9m，树干通直，三大主枝平分秋色形成伞状树冠，长势一般。

据该校李校长介绍，学校原址是李扶村民组李氏祠堂，2002年，光山籍原蓝天集团董事长李万枝投资扩建校园，校内中央保存有“李氏祠”的碑和亭。

参考文献
References

1. 郑万钧.中国树木志（第一卷）.北京：中国林业出版社，1983.
2. 吴征镒主编.中国植物志（第七卷）.北京：科学出版社，1985.
3. 丁宝章、王遂义、高增义主编.河南植物志（第一册）.郑州：河南人民出版社，1978.
4. 河南省林业厅自然保护区管理站编写.河南自然保护区.郑州：河南科学技术出版社，1990.
5. 戴天澍、敬根才、张清华、宋朝枢主编.鸡公山木本植物图鉴.北京：中国林业出版社，1989.
6. 张锦林主编.贵州古树名木.贵阳：贵州科技出版社，2004.
7. 吴祥春主编.潍坊古树名木.济南：山东大学出版社，2007.
8. 房健主编.南通古树名木.北京：中国林业出版社，2008.
9. 光山县史志编纂委员会.光山县志.郑州：中州古籍出版社，1989.
10. 中共光山县委党史工作委员会著.光山革命史（1919-1949）.郑州：河南人民出版社，1993.
11. 光山政协学习文史委员会编印.光山文史资料（第二辑）.光山县印刷厂，1991.
12. “古今文人咏光山”征编委员会.古今文人咏光山.光山县印刷厂，1992.
13. 吴功勋主编.河南风光——情溢大别山.郑州：河南人民出版社，1990.
14. 魏泽才著.歌起青山.北京：新华出版社，2005.

附录1：光山县城市古树名木保护管理办法

第一条　为加强城市古树名木的保护管理，根据国务院《城市绿化条例》、建设部《城市古树名木保护管理办法》和《信阳市城市古树名木保护管理办法》，结合光山实际，制定本办法。

第二条　县城市规划区和风景名胜区古树名木的保护管理，适用本办法。

第三条　本办法所称古树名木，是指树龄在百年以上的树木和稀有、珍贵、具有历史价值和纪念意义的树木。

凡树龄在300年以上或特别珍贵稀有，具有重要历史价值和纪念意义，具有重要科研价值的古树名木为一级古树名木；其余为二级古树名木。

第四条　县城市园林绿化行政主管部门负责本辖区内城市古树名木的保护管理工作。承担本辖区古树名木的调查登记、鉴定、定级、汇总上报等工作。

第五条　一级古树名木由省人民政府确认，报国务院建设行政主管部门备案；二级古树名木由城市人民政府确认，报省建设行政主管部门备案。

第六条　古树名木生长地的管界单位或个人，为该古树名木的保护管理责任单位或责任人。

在公园、游园、城市绿地、城市道路范围内的古树名木由园林绿化管理部门负责保护管理；在风景名胜区、寺庙、古墓范围内的古树名木由其管理部门负责保护管理；在铁路、公路、河渠用地范围内的古树名木分别由铁路、公路、河渠管理部门负责保护管理；散长在各单位管界内及个人庭院中的古树名木由所在单位和个人负责保护管理。

第七条　城市园林绿化行政主管部门与古树名木保护管理责任单位或责任人，应共同制定养护、管理方案，落实养护管理措施。城市园林绿化行政主管部门应对养护管理进行检查和技术指导。

变更古树名木养护管理责任单位或责任个人，应当到城市园林绿化行政主管部门办理养护责任转移手续。

第八条　古树名木的保护管理责任单位或责任人，应当遵守国家有关保护古树名木的规定，对古树名木应精心养护管理，确保古树名木正常生长。古树名木出现非正常生长情况，养护单位和个人应当立即报告城市园林绿化行政主管部门，由城市园林绿化行政主管部门组织治理复壮。

第九条　古树名木的养护费用，由养护责任单位或责任人承担。养护古树名木确有困难的，可以向县城市园林绿化行政主管部门申请专项补助。

抢救、复壮古树名木的费用，城市园林绿化行政主管部门可适当给予补贴。

县人民政府每年从城市维护管理经费、城市园林绿化专项资金中划出一定比例的资金用于城市古树名木的保护管理。

第十条　新建、改建、扩建工程影响古树名木生长的建设单位必须提出避让或保护措施。因特殊需要，确需移植二级古树名木的，应当经城市园林绿化行政主管部门和建设行政主管部门审查同意后，报省建设行政主管部门批准；移植一级古树名木的，应经省建设行政主管部门审核，报省人民政府批准。

第十一条　城市道路建设不得损害古树名木的保护管理。

第十二条　禁止下列损害古树名木的行为：

（一）在树干上刻划、张贴或者悬挂物品；

（二）在施工等作业时借树木作为支撑物或固定物；

（三）距树冠垂直投影5米内兴建临时建筑、堆放物料、挖坑、建滤池、熬沥青、点火、排放烟气、倾倒垃圾、污水和其它有害物体；

（四）未经城市园林绿化主管部门批准采摘叶子、果实和种子；

（五）攀树、折枝、挖根或者剥损树枝、树干、树皮；

（六）擅自砍伐和修剪、迁移古树名木。

第十三条　对已死亡的古树名木，应经城市园林绿化行政主管部门查明原因，明确责任，并予以注销登记后方可进行处理。处理结果应及时上报省建设行政主管部门。

第十四条　任何单位和个人，对损伤、破坏古树名木的行为，均有权劝阻、制止和举报。

第十五条　在保护管理古树名木工作中做出下列成绩之一的，由城市园林绿化行政主管部门给予表彰或奖励：

（一）保护古树名木，取得较大科研成果的；

（二）在管理、养护古树名木工作中成绩显著的；

（三）在制止破坏古树名木工作方面事迹突出的。

第十六条　责任单位或责任人因养护管理不善，造成古树名木死亡的，每棵处以100元以上2000元以下罚款。

第十七条　违反本办法第十二条规定行为之一的，责令停止侵害，可以并处100元以上2000元以下罚款，造成损失的，应当负赔偿责任。

第十八条　当事人对城市园林绿化行政主管部门的处罚决定不服的，可依法申请复议或直接向人民法院起诉。逾期不申请复议、不起诉又不执行处罚决定的，由作出处罚决定的行政机关申请人民法院强制执行。

第十九条　城市园林绿化行政主管部门工作人员和园林绿化执法人员因玩忽职守，滥用职权，徇私舞弊，造成古树名木损伤或死亡的，由所在单位给予行政处分，赔偿实际损失；情节严重，构成犯罪的，依法追究刑事责任。

第二十条　执行本办法收取的罚款统一上交县财政，用于古树名木的管理保护工作。

第二十一条　本办法自公布之日起施行。

光山县人民政府

二〇〇九年六月十一日

附录2：光山县人民政府关于进一步加强古树名木保护管理工作的通知

各乡镇人民政府、弦山办事处、紫水办事处、官渡河工业园区、净居寺名胜管理区：

古树名木是我们中华民族的宝贵财产，是大自然留给我们活的文物，也是民族文化、历史的见证，古树名木对研究本地区的历史、文化、气候、自然条件等有着非常重要的科学价值。保护古树名木，就是保护生态环境、保护历史资源。我县已全面开展了古树名木普查建档工作，在各部门共同努力下，普查工作已经顺利完成，比较全面系统地查清了我县古树名木的资源分布和生长状况。普查工作结束后，工作的重点将转向对古树名木依法保护和科学管理，以确保古树名木的健康生长。为了切实做好古树名木保护管理工作，现将有关事项通知如下：

一、加大宣传力度、提高保护意识

可采取出版古树名木科普宣传书籍画册，举办知识讲座竞赛，播出公益广告等形式，大力开展宣传活动，提高全民的保护意识，在全县形成热爱古树名木、保护生态环境的良好社会氛围。同时，对列入保护范围内的古树名木分级实施保护，落实管护责任，鼓励单位和个人以捐资、认养等形式参与古树名木的保护。

二、完善资源档案、实行动态监测

各地要在普查的基础上，对古树名木进行建档立案，形成完整的资源档案。建立古树名木的动态监测体系，定期对古树名木的生长环境、生长情况、保护现状等进行动态监测和跟踪管理。

三、发布保护名录、设立保护标志

依据普查结果，由县人民政府向社会公布古树名木保护名录，并设立保护标牌明令保护，保护牌上应印有古树名木树名、科属、编号、保护等级、保护单位等内容，古树名木的编号实行全县统一编号。

四、采取有效措施、加强复壮管理

从普查反映的情况看，还有为数众多的古树名木生长衰弱，部分已濒临死亡，急需采取抢救性措施。要根据古树名木生长情况，采取围盘填土、设置保护性栅栏、支架支撑、填堵树洞、设置避雷针、防治病虫害、灌水施肥等复壮管护措施，确保其健康生长。同时，林业部门要积极开展古树名木的复壮技术研究，为古树名木的复壮管护提供技术支撑。

五、加强组织领导、确保工作成效

古树名木的保护管理既是一项社会公益事业，也是一项系统工程，各地要在当地党委、政府的统一领导下，落实职责、明确任务、提高保护管理的成效。要按照属地管理的原则，抓紧落实好管理责任。要加大资金投入，把古树名木的保护管理工作列入当地国民经济和社会发展计划，所需经费纳入当地政府财政预算，严格规范古树名木的保护和开发利用，依法加大对损毁和非法移植、盗卖古树名木行为的处罚和打击力度，促使古树名木保护管理工作逐步走上法制化和科学化的轨道。

附录3：光山县古树名木录

乡、镇	地名	编号	树木名称	科属	树龄（年）	保护级别	学名
孙铁铺镇	郭乡村刘前组	01-001	皂荚	豆科、皂荚属	110	三级	*Gleditsia sinensis* Lam.
	金大湾村敖湾组	01-002	杜梨	蔷薇科、梨属	200	三级	*Pyrus betulaefolia* Bunge
	金大湾村敖湾组	01-003	黄连木	漆树科、黄连木属	310	二级	*Pistacia chinensis* Bunge
	屈岗村黄湾组	01-004	黄连木	漆树科、黄连木属	320	二级	*Pistacia chinensis* Bunge
	王楼村李箩组	01-005	臭椿	苦木科、臭椿属	110	三级	*Ailanthus altissima*(Mill.)Swingle
寨河镇	王畈村杨湾组	02-006	乌桕	大戟科、乌桕属	120	三级	*Sapium sebiferum*(Linn.)Roxb.
	王畈村杨湾组	02-007	杜梨	蔷薇科、梨属	120	三级	*Pyrus betulaefolia* Bunge
	大塘寨村东菜园组	02-008	板栗（古树群）	壳斗科、栗属	200	三级	*Castanea mollissima* Blume
	张胡店村下张楼组	02-009	朴树	榆科、朴属	150	三级	*Celtis sinensis* Pers.
仙居乡	滕岗村刘岗组	03-010	皂荚	豆科、皂荚属	120	三级	*Gleditsia sinensis* Lam.
北向店乡	吴大湾村徐岗组	04-011	皂荚	豆科、皂荚属	200	三级	*Gleditsia sinensis* Lam.
	胡楼村小河北组	04-012	黄连木	漆树科、黄连木属	150	三级	*Pistacia chinensis* Bunge
	胡楼村徐楼组	04-013	麻栎	壳斗科、栎属	110	三级	*Quercus acutissima* Carruth
	胡楼村徐楼组	04-014	桑树	桑科、桑属	110	三级	*Morus alba* L.
	胡楼村徐楼组	04-015	皂荚	豆科、皂荚属	300	二级	*Gleditsia sinensis* Lam.
	胡楼村徐楼组	04-016	朴树	榆科、朴属	120	三级	*Celtis sinensis* Pers.
	大李湾村范水口组	04-017	麻栎	壳斗科、栎属	200	三级	*Quercus acutissima* Carruth
弦山办①	大张湾村徐岗组	05-018	黄连木	漆树科、黄连木属	120	三级	*Pistacia chinensis* Bunge
	大张湾村段岗组	05-019	朴树	榆科、朴属	120	三级	*Celtis sinensis* Pers.
	大张湾村段岗组	05-020	黄连木	漆树科、黄连木属	120	三级	*Pistacia chinensis* Bunge
	大张湾村孙湾组	05-021	杜梨	蔷薇科、梨属	110	三级	*Pyrus betulaefolia* Bunge
	大张湾村大张湾组	05-022	黄连木	漆树科、黄连木属	200	三级	*Pistacia chinensis* Bunge
	大张湾村泗山洼组	05-023	山楂	蔷薇科、山楂属	200	三级	*Crataegus pinnatifida* Bge.
	大张湾村高老屋组	05-024	皂荚	豆科、皂荚属	130	三级	*Gleditsia sinensis* Lam.
	神埂村小胡楼组	05-025	圆柏-东株	柏科、刺柏属	200	三级	*Juniperus chinensis* L.
	神埂村小胡楼组	05-026	圆柏-西株	柏科、刺柏属	200	三级	*Juniperus chinensis* L.
十里镇	刘楼村王店组	06-027	侧柏	柏科、侧柏属	600	一级	*Platycladus orientalis* (Linn.) Franco
紫水办②	司马光宾馆院-南株	07-028	侧柏-宋柏	柏科、侧柏属	1040	一级	*Platycladus orientalis* (Linn.) Franco
	司马光宾馆院-北株	07-029	侧柏-宋柏	柏科、侧柏属	1000	一级	*Platycladus orientalis* (Linn.) Franco
马畈镇	庙山村柳洼组	08-030	黄连木	漆树科、黄连木属	110	三级	*Pistacia chinensis* Bunge
	庙山村殷楼组	08-031	枫杨	胡桃科、枫杨属	200	三级	*Pterocarya stenoptera* C.DC.
	庙山村叶洼组	08-032	枫香	金缕梅科、枫香属	120	三级	*Liquidambar formosana* Hance
	庙山村叶洼组	08-033	圆柏	柏科、刺柏属	150	三级	*Juniperus chinensis* L.
	代洼村林洼组	08-034	国槐	豆科、槐属	110	三级	*Sophora japonica* Linn.
	代洼村林洼组	08-035	腺柳	杨柳科、柳属	150	三级	*Salix chaenomeloides* Kimura
	代洼村竹林庄组	08-036	皂荚	豆科、皂荚属	110	三级	*Gleditsia sinensis* Lam.
	马畈村陈洼组	08-037	银杏	银杏科、银杏属	200	三级	*Ginkgo biloba* L.
	柳林村彭洼组	08-038	腺柳	杨柳科、柳属	200	三级	*Salix chaenomeloides* Kimura
	汪畈村李湾组	08-039	侧柏	柏科、侧柏属	150	三级	*Platycladus orientalis* (Linn.) Franco
	北洼村夏朝组	08-040	银杏	银杏科、银杏属	200	三级	*Ginkgo biloba* L.
	北洼村李湾组	08-041	银杏	银杏科、银杏属	200	三级	*Ginkgo biloba* L.
	潘楼村上潘组	08-042	皂荚	豆科、皂荚属	120	三级	*Gleditsia sinensis* Lam.
	太平村方窑组	08-043	皂荚	豆科、皂荚属	120	三级	*Gleditsia sinensis* Lam.
	太平村方窑组	08-044	银杏	银杏科、银杏属	400	二级	*Ginkgo biloba* L.
	太平村蚌店组	08-045	皂荚-西株	豆科、皂荚属	110	三级	*Gleditsia sinensis* Lam.
	太平村蚌店组	08-046	皂荚-中株	豆科、皂荚属	110	三级	*Gleditsia sinensis* Lam.
	太平村蚌店组	08-047	皂荚-东株	豆科、皂荚属	110	三级	*Gleditsia sinensis* Lam.

（续）

乡、镇	地名	编号	树木名称	科属	树龄（年）	保护级别	学名
马畈镇	永林村北冲组	08-048	银杏	银杏科、银杏属	120	三级	*Ginkgo biloba* L.
	付寨村罗湾组	08-049	桑树	桑科、桑属	150	三级	*Morus alba* L.
	锡山村东洼组	08-050	马尾松	松科、松属	150	三级	*Pinus massoniana* Lamb.
	锡山村汪窑组	08-051	银杏	银杏科、银杏属	110	三级	*Ginkgo biloba* L.
	锡山村汪窑组	08-052	皂荚-中株	豆科、皂荚属	200	三级	*Gleditsia sinensis* Lam.
	锡山村汪窑组	08-053	皂荚-东株	豆科、皂荚属	200	三级	*Gleditsia sinensis* Lam.
	锡山村廖窑组	08-054	皂荚	豆科、皂荚属	200	三级	*Gleditsia sinensis* Lam.
	徐寨村冯庄组	08-055	银杏	银杏科、银杏属	110	三级	*Ginkgo biloba* L.
罗陈乡	石佛村向洼组	09-056	侧柏-东株	柏科、侧柏属	214	三级	*Platycladus orientalis* (Linn.) Franco
	石佛村向洼组	09-057	侧柏-北株	柏科、侧柏属	214	三级	*Platycladus orientalis* (Linn.) Franco
	石佛村向洼组	09-058	侧柏-南株	柏科、侧柏属	214	三级	*Platycladus orientalis* (Linn.) Franco
	石佛村向洼组	09-059	银杏	银杏科、银杏属	400	二级	*Ginkgo biloba* L.
	杨湾村杨墩组	09-060	皂荚	豆科、皂荚属	110	三级	*Gleditsia sinensis* Lam.
	百步村南熊畈组	09-061	臭椿	苦木科、臭椿属	120	三级	*Ailanthus altissima* (Mill.)Swingle
	坪塘村秧湾组	09-062	腺柳	杨柳科、柳属	110	三级	*Salix chaenomeloides* Kimura
	周湾村上周组	09-063	木瓜	蔷薇科、木瓜属	110	三级	*Chaenomeles sinensis*(Thouin) Koehne
	周湾村上周组	09-064	皂荚	豆科、皂荚属	150	三级	*Gleditsia sinensis* Lam.
	周湾村方湾组	09-065	皂荚-北株	豆科、皂荚属	150	三级	*Gleditsia sinensis* Lam.
	周湾村方湾组	09-066	皂荚-南株	豆科、皂荚属	150	三级	*Gleditsia sinensis* Lam.
	周湾村方湾组	09-067	杜梨	蔷薇科、梨属	150	三级	*Pyrus betulaefolia* Bunge
	陈岗村陈岗组	09-068	黄连木	漆树科、黄连木属	200	三级	*Pistacia chinensis* Bunge
	青山村何庄组	09-069	皂荚	豆科、皂荚属	110	三级	*Gleditsia sinensis* Lam.
文殊乡	柿园村李氏祠学校	10-070	圆柏（古树群）	柏科、刺柏属	200	三级	*Juniperus chinensis* L.
	花山村滕兴湾组	10-071	枫杨	胡桃科、枫杨属	200	三级	*Pterocarya stenoptera* C.DC.
槐店乡	万河村万河组	11-072	马尾松（古树群）	松科、松属	120	三级	*Pinus massoniana* Lamb.
	万河村后汪店组	11-073	圆柏	柏科、刺柏属	800	一级	*Juniperus chinensis* L.
	晏岗村张岗组	11-074	柿树	柿树科、柿树属	120	三级	*Diospyros kaki* Thunb.
斛山乡	蔡桥村苏围孜组	12-075	银杏	银杏科、银杏属	500	一级	*Ginkgo biloba* L.
	胡店村土岗组	12-076	桑树	桑科、桑属	150	三级	*Morus alba* L.
	胡店村杨杜湾组	12-077	桑树	桑科、桑属	300	二级	*Morus alba* L.
	陈大院村陈大院组	12-078	银杏	银杏科、银杏属	200	三级	*Ginkgo biloba* L.
	陈大院村下郑湾组	12-079	黄连木	漆树科、黄连木属	120	三级	*Pistacia chinensis* Bunge
	陈大院村下郑湾组	12-080	黄连木	漆树科、黄连木属	120	三级	*Pistacia chinensis* Bunge
	陈大院村汤湾组	12-081	皂荚	豆科、皂荚属	120	三级	*Gleditsia sinensis* Lam.
	范乡村侯湾组	12-082	黄连木	漆树科、黄连木属	200	三级	*Pistacia chinensis* Bunge
	梅岗村梅围孜组	12-083	皂荚	豆科、皂荚属	150	三级	*Gleditsia sinensis* Lam.
	梅岗村王湾组	12-084	圆柏	柏科、刺柏属	200	三级	*Juniperus chinensis* L.
	梅岗村邱湾组	12-085	麻栎	壳斗科、栎属	150	三级	*Quercus acutissima* Carruth
	梅岗村邱湾组	12-086	麻栎-水田边	壳斗科、栎属	110	三级	*Quercus acutissima* Carruth
	梅岗村陈小湾组	12-087	麻栎-南株	壳斗科、栎属	110	三级	*Quercus acutissima* Carruth
	梅岗村陈小湾组	12-088	麻栎-北株	壳斗科、栎属	110	三级	*Quercus acutissima* Carruth
	张老湾村前胡湾组	12-089	榆树	榆科、榆属	120	三级	*Ulmus pumila* L.
	张老湾村张老湾组	12-090	黄连木	漆树科、黄连木属	150	三级	*Pistacia chinensis* Bunge
	张老湾村张老湾组	12-091	麻栎	壳斗科、栎属	110	三级	*Quercus acutissima* Carruth
殷棚乡	张中湾村王坟组	13-092	侧柏	柏科、侧柏属	400	二级	*Platycladus orientalis* (Linn.) Franco
	张中湾张湾组	13-093	马尾松	松科、松属	130	三级	*Pinus massoniana* Lamb.
	张中湾村丁南庄组	13-094	圆柏（古树群）	柏科、刺柏属	500	一级	*Juniperus chinensis* L.
	张中湾村小彭冲组	13-095	皂荚	豆科、皂荚属	150	三级	*Gleditsia sinensis* Lam.

（续）

乡、镇	地名	编号	树木名称	科属	树龄（年）	保护级别	学名
殷棚乡	凉亭村罗湾组	13-096	枫香	金缕梅科、枫香属	150	三级	*Liquidambar formosana* Hance
	凉亭村杨洼组	13-097	银杏	银杏科、银杏属	300	二级	*Ginkgo biloba* L.
	殷棚村枣榜组	13-098	银杏-东株	银杏科、银杏属	500	一级	*Ginkgo biloba* L.
	殷棚村枣榜组	13-099	银杏-西株	银杏科、银杏属	500	一级	*Ginkgo biloba* L.
	青龙村王湾组	13-100	紫薇	千屈菜科、紫薇属	200	三级	*Lagerstroemia indica* L.
	青龙村王湾组	13-101	桂花	木犀科、木犀属	200	三级	*Osmanthus fragrans* (Thunb.) Lour.
	五座楼村五座楼东组	13-102	马尾松	松科、松属	260	三级	*Pinus massoniana* Lamb.
	五座楼村五座楼西组	13-103	马尾松（古树群）	松科、松属	200	三级	*Pinus massoniana* Lamb.
	五座楼村部	13-104	圆柏	柏科、刺柏属	200	三级	*Juniperus chinensis* L.
	五座楼村方洼组	13-105	枫香	金缕梅科、枫香属	150	三级	*Liquidambar formosana* Hance
	五座楼村林场	13-106	马尾松-东株	松科、松属	120	三级	*Pinus massoniana* Lamb.
	五座楼村林场	13-107	马尾松-西株	松科、松属	120	三级	*Pinus massoniana* Lamb.
南向店乡	环山村亮马墩组	14-108	银杏	银杏科、银杏属	200	三级	*Ginkgo biloba* L.
	环山村竹林湾组	14-109	枫杨	胡桃科、枫杨属	200	三级	*Pterocarya stenoptera* C.DC.
	环山村白果树湾	14-110	银杏	银杏科、银杏属	1000	一级	*Ginkgo biloba* L.
	环山村杨堂组	14-111	银杏	银杏科、银杏属	110	三级	*Ginkgo biloba* L.
	环山村杨堂组	14-112	臭椿	苦木科、臭椿属	120	三级	*Ailanthus altissima* (Mill.)Swingle
	环山村杨堂组	14-113	银杏	银杏科、银杏属	150	三级	*Ginkgo biloba* L.
	环山村杨堂组	14-114	银杏	银杏科、银杏属	150	三级	*Ginkgo biloba* L.
	大山寨林场	14-115	银杏	银杏科、银杏属	1000	一级	*Ginkgo biloba* L.
	闵冲村刘湾组	14-116	银杏	银杏科、银杏属	400	二级	*Ginkgo biloba* L.
	闵冲村魏冲组	14-117	桂花-南株	木犀科、木犀属	200	三级	*Osmanthus fragrans* (Thunb.) Lour.
	闵冲村魏冲组	14-118	桂花-北株	木犀科、木犀属	200	三级	*Osmanthus fragrans* (Thunb.) Lour.
	闵冲村上金湾组	14-119	油茶	山茶科、山茶属	150	三级	*Camellia oleifera* Abel
	闵冲村上金湾组	14-120	圆柏	柏科、刺柏属	110	三级	*Juniperus chinensis* L.
	南向店乡乐园	14-121	圆柏	柏科、刺柏属	400	二级	*Juniperus chinensis* L.
	董湾村江湾组	14-122	圆柏-东株	柏科、刺柏属	400	二级	*Juniperus chinensis* L.
	董湾村江湾组	14-123	圆柏-西株	柏科、刺柏属	120	三级	*Juniperus chinensis* L.
	董湾村江湾组-门口塘边	14-124	圆柏	柏科、刺柏属	200	三级	*Juniperus chinensis* L.
	陈畈村冯庄组	14-125	皂荚	豆科、皂荚属	150	三级	*Gleditsia sinensis* Lam.
	陈畈村杨冲组	14-126	腺柳	杨柳科、柳属	150	三级	*Salix chaenomeloides* Kimura
	金庄村榨畈组	14-127	腺柳	杨柳科、柳属	200	三级	*Salix chaenomeloides* Kimura
	金庄村榨畈组	14-128	皂荚	豆科、皂荚属	200	三级	*Gleditsia sinensis* Lam.
	金庄村前湾组	14-129	枸骨	冬青科、冬青属	200	三级	*Ilex cornuta* Lindl.
	金庄村何洼组	14-130	杜梨	蔷薇科、梨属	120	三级	*Pyrus betulaefolia* Bunge
晏河乡	潘畈村胡楼组	15-131	皂荚	豆科、皂荚属	200	三级	*Gleditsia sinensis* Lam.
	潘畈村鲁湾组	15-132	侧柏	柏科、侧柏属	500	一级	*Platycladus orientalis* (Linn.) Franco
	詹堂村老榨组	15-133	皂荚	豆科、皂荚属	150	三级	*Gleditsia sinensis* Lam.
	万湾村梅洼组	15-134	银杏	银杏科、银杏属	200	三级	*Ginkgo biloba* L.
	万湾村孙张洼组	15-135	山楂	蔷薇科、山楂属	200	三级	*Crataegus pinnatifida* Bge.
	晏河村许洼组	15-136	山茶花（宝珠花）	山茶科、山茶属	100	名木	*Camellia japonica* Linn.
	韩畈村晏店组	15-137	臭椿	苦木科、臭椿属	110	三级	*Ailanthus altissima* (Mill.)Swingle
	程山村冷畈组	15-138	侧柏-东株	柏科、侧柏属	800	一级	*Platycladus orientalis* (Linn.) Franco
	程山村冷畈组	15-139	侧柏-西株	柏科、侧柏属	800	一级	*Platycladus orientalis* (Linn.) Franco
	许洼村杨洼组	15-140	马尾松	松科、松属	110	三级	*Pinus massoniana* Lamb.
	许洼村赵洼组-坟山	15-141	圆柏	柏科、刺柏属	300	二级	*Juniperus chinensis* L.
	许洼村赵洼组-祠堂	15-142	圆柏	柏科、刺柏属	200	三级	*Juniperus chinensis* L.
	李畈村夏洼组	15-143	圆柏	柏科、刺柏属	500	一级	*Juniperus chinensis* L.

（续）

乡、镇	地名	编号	树木名称	科属	树龄（年）	保护级别	学名
晏河乡	李畈村南李洼组	15-144	圆柏	柏科、刺柏属	300	二级	*Juniperus chinensis* L.
	李畈村南李洼组	15-145	枸骨	冬青科、冬青属	600	一级	*Ilex cornuta* Lindl.
	熊畈村前熊畈组	15-146	皂荚	豆科、皂荚属	150	三级	*Gleditsia sinensis* Lam.
	熊畈村余围孜组	15-147	侧柏	柏科、侧柏属	300	二级	*Platycladus orientalis* (Linn.) Franco
	帅洼村千鹅冲组	15-148	侧柏	柏科、侧柏属	200	三级	*Platycladus orientalis* (Linn.) Franco
	帅洼村伏岭岗上队	15-149	银杏	银杏科、银杏属	400	二级	*Ginkgo biloba* L.
	帅洼村伏岭岗下队	15-150	银杏	银杏科、银杏属	400	二级	*Ginkgo biloba* L.
	帅洼村伏岭岗下队	15-151	枸骨	冬青科、冬青属	1000	一级	*Ilex cornuta* Lindl.
	徐湾村祝冲组	15-152	麻栎	壳斗科、栎属	110	三级	*Quercus acutissima* Carrath
	徐湾村上祝组	15-153	银杏	银杏科、银杏属	120	三级	*Ginkgo biloba* L.
	徐湾村祝冲组	15-154	桂花	木犀科、木犀属	200	三级	*Osmanthus fragrans* (Thunb.) Lour.
	徐湾村土坯楼组	15-155	桂花	木犀科、木犀属	110	三级	*Osmanthus fragrans* (Thunb.) Lour.
	徐湾村祝冲组	15-156	银杏	银杏科、银杏属	500	一级	*Ginkgo biloba* L.
	徐湾村乡村公路东	15-157	皂荚	豆科、皂荚属	200	三级	*Gleditsia sinensis* Lam.
	徐湾村徐湾组	15-158	皂荚	豆科、皂荚属	300	二级	*Gleditsia sinensis* Lam.
	徐湾村徐湾组	15-159	桂花	木犀科、木犀属	200	三级	*Osmanthus fragrans* (Thunb.) Lour.
	徐湾村徐湾组	15-160	木瓜	蔷薇科、木瓜属	120	三级	*Chaenomeles sinensis* Koehne
泼陂河镇	赵畈村谢湾组	16-161	皂荚	豆科、皂荚属	200	三级	*Gleditsia sinensis* Lam.
	雀村肖湾组	16-162	圆柏	柏科、刺柏属	800	一级	*Juniperus chinensis* L.
	刘岗村孙林组	16-163	黄连木	漆树科、黄连木属	110	三级	*Pistacia chinensis* Bunge
	李岗村李岗组	16-164	圆柏	柏科、刺柏属	200	三级	*Juniperus chinensis* L.
	徐坪村徐坪组	16-165	皂荚	豆科、皂荚属	120	三级	*Gleditsia sinensis* Lam.
	曾围孜村胡老洼组	16-166	腺柳	杨柳科、柳属	200	三级	*Salix chaenomeloides* Kimura
	东岳寺村红星组	16-167	柿树	柿树科、柿树属	150	三级	*Diospyros kaki* Thunb.
	东岳寺林场	16-168	银杏-东株	银杏科、银杏属	120	三级	*Ginkgo biloba* L.
	东岳寺林场	16-169	银杏-西株	银杏科、银杏属	120	三级	*Ginkgo biloba* L.
	东岳寺林场	16-170	枫杨	胡桃科、枫杨属	110	三级	*Pterocarya stenoptera* C.DC.
	田洼村万张洼组	16-171	银杏	银杏科、银杏属	150	三级	*Ginkgo biloba* L.
砖桥镇	田湾村田湾组	17-172	黄连木	漆树科、黄连木属	120	三级	*Pistacia chinensis* Bunge
	田湾村杨楼组	17-173	黄连木	漆树科、黄连木属	300	二级	*Pistacia chinensis* Bunge
	田湾村小赵湾组	17-174	黄连木	漆树科、黄连木属	200	三级	*Pistacia chinensis* Bunge
	田湾村西李湾组	17-175	黄连木	漆树科、黄连木属	200	三级	*Pistacia chinensis* Bunge
	田湾村晏湾组	17-176	黄连木	漆树科、黄连木属	200	三级	*Pistacia chinensis* Bunge
	田湾村杨湾组	17-177	黄连木	漆树科、黄连木属	200	三级	*Pistacia chinensis* Bunge
	陈乡村三里岗组	17-178	银杏	银杏科、银杏属	150	三级	*Ginkgo biloba* L.
	陈乡村南楼组	17-179	圆柏	柏科、刺柏属	300	二级	*Juniperus chinensis* L.
	陈乡村晏庄组	17-180	侧柏-北株	柏科、侧柏属	800	一级	*Platycladus orientalis* (Linn.) Franco
	陈乡村晏庄组	17-181	圆柏-南株	柏科、刺柏属	800	一级	*Juniperus chinensis* L.
	陈乡村黄畈组	17-182	黄连木	漆树科、黄连木属	300	二级	*Pistacia chinensis* Bunge
	大李冲村田兴组	17-183	圆柏	柏科、刺柏属	500	一级	*Juniperus chinensis* L.
	大李冲村田兴组	17-184	圆柏	柏科、刺柏属	500	一级	*Juniperus chinensis* L.
	李长店村赵岗组	17-185	圆柏	柏科、刺柏属	300	二级	*Juniperus chinensis* L.
	李长店村李西组	17-186	乌桕	大戟科、乌桕属	120	三级	*Sapium sebiferum*(Linn.)Roxb.
	李岗村魏老榨组	17-187	黄连木	漆树科、黄连木属	300	二级	*Pistacia chinensis* Bunge
	魏湾村罗乡组	17-188	银杏	银杏科、银杏属	600	一级	*Ginkgo biloba* L.
	文店村宋湾组	17-189	银杏	银杏科、银杏属	300	二级	*Ginkgo biloba* L.
凉亭乡	前进村毕庄组	18-190	枫杨	胡桃科、枫杨属	150	三级	*Pterocarya stenoptera* C.DC.
	杨河村小骆湾组	18-191	枫杨	胡桃科、枫杨属	120	三级	*Pterocarya stenoptera* C.DC.

（续）

乡、镇	地名	编号	树木名称	科属	树龄（年）	保护级别	学名
凉亭乡	杨河村小骆湾组	18-192	枫杨	胡桃科、枫杨属	150	三级	*Pterocarya stenoptera* C.DC.
	杨河村下刘湾组	18-193	枫杨	胡桃科、枫杨属	110	三级	*Pterocarya stenoptera* C.DC.
	杨河村下刘湾组	18-194	圆柏-西株	柏科、刺柏属	300	二级	*Juniperus chinensis* L.
	杨河村下刘湾组	18-195	圆柏-中株	柏科、刺柏属	200	三级	*Juniperus chinensis* L.
	杨河村下刘湾组	18-196	圆柏-东株	柏科、刺柏属	200	三级	*Juniperus chinensis* L.
	杨河村马庄组	18-197	枫杨	胡桃科、枫杨属	120	三级	*Pterocarya stenoptera* C.DC.
	杨岭村大雷洼组	18-198	圆柏	柏科、刺柏属	500	一级	*Juniperus chinensis* L.
	杨岭村小杨岭组	18-199	青冈栎	壳斗科、青冈属	200	三级	*Cyclobalanopsis glauca* (Thunb) Oerst
	胭脂洼村何洼组	18-200	腺柳	杨柳科、柳属	150	三级	*Salix chaenomeloides* Kimura
	大金村大胡湾组	18-201	圆柏	柏科、刺柏属	200	三级	*Juniperus chinensis* L.
	光明村罗小湾组	18-202	皂荚	豆科、皂荚属	200	三级	*Gleditsia sinensis* Lam.
	凉亭村徐陈湾组	18-203	柿树	柿树科、柿树属	120	三级	*Diospyros kaki* Thunb.
	报安村胡湾组	18-204	麻栎	壳斗科、栎属	150	三级	*Quercus acutissima* Carruth
	报安村熊湾组	18-205	枫杨	胡桃科、枫杨属	200	三级	*Pterocarya stenoptera* C.DC.
	大山村佰冲组	18-206	枫香	金缕梅科、枫香属	110	三级	*Liquidambar formosana* Hance
白雀园镇	鸡冠村庙湾组	19-207	枫香	金缕梅科、枫香属	120	三级	*Liquidambar formosana* Hance
	鸡冠村庙湾组	19-208	圆柏	柏科、刺柏属	500	一级	*Juniperus chinensis* L.
	鸡冠村黄土洼组	19-209	朴树-北株	榆科、朴属	120	三级	*Celtis sinensis* Pers.
	鸡冠村黄土洼组	19-210	朴树-南株	榆科、朴属	100	三级	*Celtis sinensis* Pers.
	鸡冠村下湾组	19-211	圆柏	柏科、刺柏属	150	三级	*Juniperus chinensis* L.
	龙寨村龙王尖林场	19-212	圆柏	柏科、刺柏属	200	三级	*Juniperus chinensis* L.
	杨寨村程畈组	19-213	银杏	银杏科、银杏属	400	二级	*Ginkgo biloba* L.
	朱堂村大朱湾组	19-214	侧柏-院内	柏科、侧柏属	300	二级	*Platycladus orientalis* (Linn.) Franco
	朱堂村大朱湾组	19-215	侧柏-院外	柏科、侧柏属	300	二级	*Platycladus orientalis* (Linn.) Franco
	土庙村吴石咀组	19-216	枫杨-东株	胡桃科、枫杨属	250	三级	*Pterocarya stenoptera* C.DC.
	土庙村吴石咀组	19-217	枫杨-西株	胡桃科、枫杨属	250	三级	*Pterocarya stenoptera* C.DC.
净居寺③	净居寺茶场	20-218	银杏	银杏科、银杏属	1300	一级	*Ginkgo biloba* L.
	净居寺茶场	20-219	侧柏-东1	柏科、侧柏属	300	二级	*Platycladus orientalis* (Linn.) Franco
	净居寺茶场	20-220	圆柏-东2	柏科、刺柏属	300	二级	*Juniperus chinensis* L.
	净居寺茶场-宋柏	20-221	侧柏-东3	柏科、侧柏属	1000	一级	*Platycladus orientalis* (Linn.) Franco
	净居寺茶场-宋柏	20-222	圆柏-东4	柏科、刺柏属	1000	一级	*Juniperus chinensis* L.
	净居寺茶场-唐柏	20-223	侧柏-东5	柏科、侧柏属	1300	一级	*Platycladus orientalis* (Linn.) Franco
	净居寺茶场	20-224	侧柏-西株	柏科、侧柏属	300	二级	*Platycladus orientalis* (Linn.) Franco
	净居寺茶场	20-225	圆柏-院内	柏科、刺柏属	100	三级	*Juniperus chinensis* L.
	净居寺茶场	20-226	山茶花（宝珠花）	山茶科、山茶属	60	名木	*Camellia japonica* L.
	胡楼村夏榨组	20-227	麻栎	壳斗科、栎属	120	三级	*Quercus acutissima* Carruth
	胡楼村冯庄组	20-228	马尾松	松科、松属	200	三级	*Pinus massoniana* Lamb.
	胡楼村冯庄东队	20-229	圆柏-南株	柏科、刺柏属	150	三级	*Juniperus chinensis* L.
	胡楼村冯庄东队	20-230	圆柏-北株	柏科、刺柏属	150	三级	*Juniperus chinensis* L.
	胡楼村张南洼组	20-231	马尾松	松科、松属	150	三级	*Pinus massoniana* Lamb.
	杨帆村苏山口水库	20-232	马尾松	松科、松属	200	三级	*Pinus massoniana* Lamb.
	杨帆村彭湾组	20-233	圆柏	柏科、刺柏属	260	三级	*Juniperus chinensis* L.
	李湾村李湾组	20-234	皂荚	豆科、皂荚属	150	三级	*Gleditsia sinensis* Lam.
	李湾村易洼组	20-235	腺柳	杨柳科、柳属	110	三级	*Salix chaenomeloides* Kimura
	李湾村胡畈组	20-236	皂荚	豆科、皂荚属	120	三级	*Gleditsia sinensis* Lam.
槐店乡	冯河村冯前组	21-237	麻栎	壳斗科、栎属	120	三级	*Quercus acutissima* Carruth
紫水办②	邓颖超祖居	07-238	西府海棠	蔷薇科、苹果属	7	名木	*Malus micromalus* Makino.
	邓颖超祖居	07-239	西府海棠	蔷薇科、苹果属	7	名木	*Malus micromalus* Makino.

注：①弦山办事处；②紫水办事处；③净居寺名胜管理区。

后记

Postscript

古树名木是中华大地上的宝贵资源，是中华文化的重要组成部分，素有“绿色文物”、“活化石”之誉。在几百年、上千年的漫长岁月里，它们接受大自然的“洗礼”，“阅尽人间春色”，以适者的姿态生存下来，展示出不可征服的生命力量。它那美轮美奂的年轮，像一幅历史的画卷，向人们展示其经历的星移斗转、沧海桑田，为人类储存和提供了大量的信息。悠悠岁月给了它们锻造自身的机缘，也不断地给它们增添着自身的价值。

光山县地处北亚热带向暖温带过渡地带，四季分明，雨量充沛，造就了本县丰富的古树名木资源。光山县素有把古树视为“神树”、“风水树”、“吉祥树”、“镇宅树”的民间传统习惯，爱树、护树蔚然成风，为古树名木保护奠定了良好的群众基础，使本县成为河南省古树名木主要集中地之一。

但是，长期以来，由于自然和人为的原因，古树名木遭受破坏的情况较为严重。为了查清全县古树名木现状，制定保护措施，早在20世纪90年代初光山县林业局就对古树名木进行过普查登记。2010年，光山县人民政府再次召开古树名木征集专题会议，县委、县政府、县人大、县政协相关领导以及宣传、林业、文化、旅游、广电、档案、史志等部门的主要负责同志参加。邀请县摄影协会等单位参与外摄普查工作；及时编写了《河南光山古树名木》一书。

本书集中反映了近年来光山县古树名木的调查成果，重点描述了具有光山特色的古树名木资源，并对其分布、特征进行较为深入的探析，为制定古树名木的保护措施提供了可靠依据。

本书的出版得到北京林业大学生物科学与技术学院张志翔院长的审阅与指导；《河南光山古树名木》编委会全体成员给予了大力支持，在此一并表示感谢！